5G商用模式，
重塑传统产业的未来

一本书
读懂5G

付君锐◎著

中国纺织出版社有限公司

内 容 提 要

对于5G而言，2019年可以说是其"C位出道"之年。全球范围内正轰轰烈烈地掀起一场5G商用热潮。然而，目前5G已经发展到了什么阶段？ 5G商用到底有多狂热？ 5G在各领域商用如何落地？本书将给出你想要的答案。

本书全方位解读5G，剖析5G大火背后的真正原因；阐述5G给人类生活带来的变化；探究5G在产业互联网、智慧生活、娱乐、媒体、社交体验、新零售等领域的商用模式以及5G为各行业商业模式带来的巨变；对5G来临之后的美好前景进行大胆猜想。

本书通过通俗的语言和专业生动的示例，将5G技术商用之美展现得淋漓尽致。阅读本书，有助于读者开阔视野，激发进一步探索5G商用的兴趣。同时，本书也可以作为5G时代必读生存指南，给广大积极拥抱5G的企业，提供更好的商用参考模板。

图书在版编目（CIP）数据

一本书读懂5G / 付君锐著. --北京：中国纺织出
版社有限公司，2020.9
ISBN 978-7-5180-7745-8

Ⅰ.①一⋯ Ⅱ.①付⋯ Ⅲ.①无线电通信–移动通信
–通信技术–普及读物 Ⅳ.①TN929.5-49

中国版本图书馆 CIP 数据核字（2020）第 145058 号

策划编辑：史 岩　　　　　　　责任编辑：曹炳镝
责任校对：寇晨晨　　　　　　　责任印制：储志伟

中国纺织出版社有限公司出版发行
地址：北京市朝阳区百子湾东里 A407 号楼　邮政编码：100124
销售电话：010—67004422　传真：010—87155801
http://www.c-textilep.com
中国纺织出版社天猫旗舰店
官方微博 http://weibo.com/2119887771
三河市宏盛印务有限公司印刷　各地新华书店经销
2020 年 9 月第 1 版第 1 次印刷
开本：710×1000　1/16　印张：14
字数：165 千字　定价：58.00 元

如果说对 2019 年出现频率最高的"明星"词汇进行评选，那么非"5G"莫属。在 2019 年 6 月 6 日，工信部正式向中国电信、中国移动、中国联通、中国广电发放 5G 商用牌照，这标志着我国正式进入 5G 商用元年。因此，对于 5G 而言，2019 年可以说是其"C 位出道"之年。

从移动通信技术的发展历程来看，每十年，移动通信技术就会进行一次更迭。而且每一次技术进步，都极大地促进经济社会发展。从 1G 到 2G，实现了模拟通信到数字通信的跃迁，降低了应用成本，使移动通信走进千家万户。从 2G 到 3G、4G，实现了语音业务到数据业务的转变，以及窄带通信到宽带通信的跃升，极大地促进了移动互联网的全面普及和繁荣发展。

5G 作为第五代移动通信技术，与之前几代移动通信技术相比，具有广泛覆盖、传输速度快、超低时延、超大容量、超低功耗的特点，而且还具有更强通话能力，还能融合多个业务、多项技术，随时随地实现万物互联。

5G 作为当前极具代表性、引领性的网络信息技术，是支撑实体经济高质量发展的关键性信息基础设施。因此，各领域企业纷纷进行布局，企图通过 5G 实现技术上的飞跃，这一度让"5G"的话题度飙升并位居榜首，并使 5G 逐步从概念走进了现实。

如果说 3G 改变了通信，4G 改变了娱乐方式，那么 5G 将改变生产力。

5G 的出现，并不像大众眼中认为的只是上网、刷微博、看视频的速度得以提升，除此以外，还使得实时视频通信打破了人与人社交在时间和空间上的限制。更重要的是，5G 时代，不仅是通信技术的变革，更是一次产业跨界的大融合，将实现由人与人之间的通信扩展到人与物、物与物的万物互联，能为各领域带来巨大的市场空间。5G 应用将不再仅仅是手机，而是向着各领域不断进行渗透，使得各领域在 5G 的照耀下华丽变身。

尤其在当前这个游戏、直播、短视频霸屏的时代，5G 则以一种全新的网络架构，对 4G 网络在速度、延时、功耗、带宽等方面的弊端加以弥补，实现了网络性能的新飞跃，接棒流量市场，并实现商用普及，从而为人类带来一个充满无限遐想的美好新时代。

当然，5G 赋能游戏、直播、短视频领域带来产业的升级，只是 5G 商用的冰山一角。5G 商用，还将更多面向未来 VR/AR、车联网、无人驾驶、工业互联网、智能家居、云办公和游戏、超高清视频、智慧城市等应用场景，实现由个人应用向行业应用的转变。

总而言之，5G 是个美好的新生事物，它是推动整个社会不断向前的原动力。各领域应当拥抱 5G 新蓝海，为产业发展打开新天地，为人类创造一个更加舒适、美好的幸福世界。

本书全方位解读 5G，剖析 5G 大火背后的真正原因；阐述 5G 给人类生活带来的变化；探究 5G 在产业互联网、智慧生活、娱乐、媒体、社交体验、新零售等领域的商用模式以及 5G 为各行业商业模式带来的巨变；对 5G 来临之后的美好前景进行大胆猜想。

本书通过通俗的语言和生动的示例，将 5G 技术商用之美展现得淋漓尽致。阅读本书，有助于读者开阔视野，激发进一步探索 5G 商用的兴趣。同时，本书也可以作为 5G 时代必读生存指南，给广大积极拥抱 5G 的企业提供更好的商用参考模板。相信未来，人类生活在 5G 技术的推动下，必将向着"更高、更快、更强"的方向发展。

第一章　5G 为什么这么火：全面认识 5G

第二章 5G 能给我们带来什么

第五章　5G 为娱乐与媒体插上腾飞的翅膀

第六章　5G 改变社交格局，创新社交体验

第九章　未来已来，5G 来临之后的美好猜想

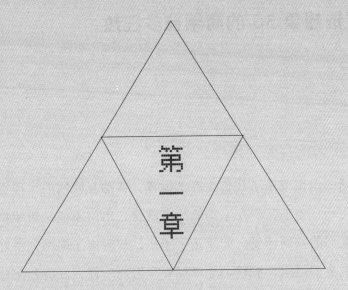

第一章

5G 为什么这么火：
全面认识 5G

近一两年，人们茶余饭后，都在谈的就是 5G，5G 无疑成为人们关注的热点。而且进入 2019 年以来，工信部正式向中国电信、中国移动、中国联通、中国广电发放 5G 商用牌照。我国各领域正在如火如荼地全面向 5G 商用迈进。那么 5G 究竟是什么？5G 为什么如此火爆？本章将带你全面认识 5G 的真容。

▶ 你无法想象 5G 的商用有多狂热

互联网的出现改变了我们生存的世界，移动互联网的出现重新塑造了我们的生活。当前，"在家不能没有网络，出门不能忘带手机"，已经成为了人们的共同感受。如果带了手机，却脱离了网络，就好像脱离了社会、脱离了组织，被整个地球抛弃和遗忘一样，没有归属感。甚至很多工作脱离了网络就一筹莫展，无法开展下去。可见，人们对网络的依赖程度极高，网络对人们的生活和工作产生了极大的影响。

网络作为一种技术和工具，是在随着时间的推进而不断更迭的。如今，5G 成为一项全新的技术，正在 4G 的基础上逐渐"上位"。全球范围内正轰轰烈烈地掀起一场 5G 商用热潮。然而，5G 商用到底有多狂热，对此你根本无法想象。

三大运营商竞赛 5G 新跑道

人们总是向着希望和美好的方向不断追逐的，并在追逐的过程中一步步向成功靠近。5G 技术的使用已经不断接近人们所期待的那个美好时代，不断激发人们对未来的美好生活充满了无限想象和信心。这样就驱使越来越多的企业、团体、机构开始在 5G 技术发展上有所举动。

中国移动、中国联通、中国电信作为我国三大运营商，更是与 5G 这项移动通信技术的发展和推动有着密不可分的关系。

受到当前传统业务市场趋于饱和，流量红利逐渐消失、政府持续推动网络提速降费、在全国实行"携号转网"的影响，运营商单纯依靠流量业务实现营收和利润已经越来越难。在这些因素的影响下，国内通信行业的发展逐渐步入了阵痛期。

2019 年，三大运营商上半年的财报数据显示："中国移动的营业收入为 3894.27 亿元，同比下降了 0.6%；净利润为 561.19 亿元，同比下滑了 14.6%，创 10 年来最大跌幅。不仅是中国移动营收下滑，2019 年上半年，中国电信的营业收入为 1905 亿元，首次下降 1.31%；中国联通的营业收入为 1450 亿元，同比下降 2.8%。"

这一组数据，显然告诉我们，三大运营商需要开辟全新的赛道，需要走出发展"死角"，走向"阳光道"。

然而，随着 5G 技术的出现，使得三大运营商开始将全新赛道集中在 5G 网络建设上，并开始加快 5G 创新业务。

1. 争夺频谱资源

频谱❶是 5G 的血液，频率分配是 5G 建设周期开始的风向标，在 5G 开始进入商用之前，频谱资源的重整，意味着中国 5G 第一阶段频谱的确定，标志着 5G 赛道正式铺开。

从全球来看，5G 的主流频谱就是 3.5GHz。回顾 2G 时代，三大运营商开始瓜分 800MHz、900MHz。2016 年，广电拿到了全球公认的黄金频谱——700MHz。从理论上讲，频谱越低，信息容量越大，同时波长越长。波长长的优势就是覆盖范围广，这也就意味着信号的稳定性会

---

❶ 频谱：频谱是频率谱密度的简称，是频率的分布曲线。

更好。

目前，中国移动、中国电信，二者舍弃了原来的频谱资源，换成了目前产业成熟度最高的 3.5GHz 资源；中国移动则在 2.6+4.9GHz 组合频段持续深耕。

具体来讲，三大运营商确认的频谱范围，如图 1-1 所示：

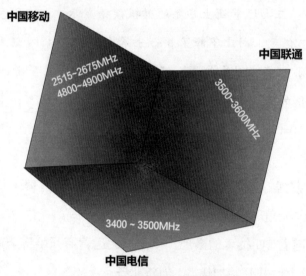

图 1-1　三大运营商频谱资源分布

中国移动获得 2515 ～ 2675MHz 共 160MHz 宽带的 5G 试验频率资源、获得 4800 ～ 4900MHz 共 100MHz 宽带的 5G 试验频率资源，其中 2515 ～ 2675MHz、2635 ～ 2675MHz 和 4800 ～ 4900MHz 频段为新增频段，2535 ～ 2675MHz 频段为中国移动现有的 TDD-LTE（4G）频段。

中国联通通获得 3500 ～ 3600MHz 共 100MHz 带宽的 5G 试验频率资源。

中国电信获得 3400 ～ 3500MHz 共 100MHz 宽带的 5G 试验频率

资源。

5G 频率的确认，能够使得三大运营商明确未来 5G 网络建站组网规划和投资方向，也对后续的 5G 发展策略部署带来重大影响。前端"频谱"决定后端供应链，三大运营商争夺有限的 5G 频谱资源，本质上其实还是争夺用户。事实上，2.6GHz 和 4.9GHz 的产业链都不成熟，3.5GHz 是产业链上最成熟的频谱，因此在 3.5GHz 这个频段上客户最多。

5G 频谱资源争夺，使得三大运营商获得了不同的 5G 后续发展筹码。虽然中国电信和中国联通获得较为成熟的频段，获得了起步阶段优势，然而对运营商来讲，在 5G 领域谁主沉浮，关键还需要看在 5G 发展和商用阶段如何操盘。

2. 加速5G布局

5G 商用是时下的热门话题，全球移动运营商在拉开混战序幕的同时，我国三大运营商也不甘示弱，希望自己能在 5G 领域脱颖而出。因此，他们纷纷抓紧时间、注入资金开展研发工作，在运营能力、部署能力、业务开发能力、标准主导能力等方面全面布局。

（1）中国移动

中国移动作为移动通信领域的先驱者，自然不愿意漏掉 5G 这块大蛋糕，因此抢先在 5G 领域做出部署计划。

①"5G+X"计划

中国移动布局的核心是"5G+"计划。该计划共包括三个方面，如图 1-2 所示：

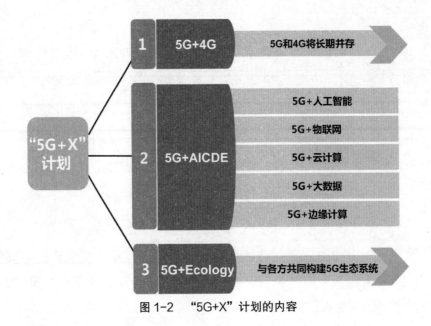

图 1-2 "5G+X" 计划的内容

■ 5G+4G

5G+4G，其实就是指 5G 和 4G 将长期并存，实现技术共享、资源共享、覆盖协同、业务协同，推出先进的、品质优良的 5G 精品网络。

■ 5G+AICDE

5G+AICDE，实际上是指 5G 和人工智能（AI）、物联网（IoT）、云计算（Cloud Computing）、大数据（Big Data）、边缘计算（Edge Computing）等新信息技术紧密融合，打造以 5G 为中心的泛智能基础设施。

5G+ 人工智能：

人工智能，对于我们来讲已经不再陌生，它是将冰冷的机器，赋予意识、自我、思维，使它能够具备像人类一样可以思考、学习、推理、规划的能力。

5G+ 人工智能，将充分发挥数据、算法、算力和应用场景等方面的优势，将 5G 在人工智能领域的布局聚焦于网络、服务、管理、安全和应用五个方面。

5G+ 物联网：

物联网，简单来讲，就是借助各种信息传感器、全球定位系统、红外感应器等各种设备与技术，使得采集而来的各种信息将物与物、物与人实现连接，从而形成互联互通的网络。

5G+ 物联网，将持续增强产业物联网专网"云、网、边、端"全链条的能力，构建产业物联专网切片服务，以满足行业消费者对定制化、个性化的需求。

5G+ 云计算：

云计算，就像是天上的云，看得见摸不着，它是将巨大的数据计算处理程序通过网络"云"分解成无数个小程序，再通过对这些小程序进行系统处理和分析，将最终得到的结果返回给用户。借助云计算，可以在几秒钟的时间，就能对数以万计的数据进行处理。因此，云计算具备强大的网络服务能力。

5G+ 云计算，即通过加快网络云化改造，构建以云为核心的新型网络架构，打造"最懂云的网"。此外，中国移动还计划通过广泛合作提升云计算基础设施能力，推出云互联、云专线、云宽带等一系列云服务产品。

5G+ 大数据：

大数据，是我们经常能听到的一个词汇，其实我们每个人每天会产生大量信息数据，如视频分享、网页登录、商品购买、车辆行驶等，每个过程中都会释放出大量信息，这些信息中包含多个数据处理结果，包括兴趣爱好数据、行为习惯数据、家庭住址数据、消费记录数据、车辆信息数据、车辆轨迹数据等。所有的数据海量沉淀之后，形成规模庞大的数据系统。通过对不同来源收集到的数据进行管理、处理、分析与优化，从而将结果反馈到实际应用当中，创造出更大的经济和社会价值。

5G+ 大数据，即打造基于 5G 的行业领先的大数据能力平台，实现对数据采集、传输、存储、使用全链条的安全管控，构建更全面、更优质、更具价值的大数据服务体系，并在各行业中广泛应用。

5G+ 边缘计算：

边缘计算，看似深奥，其实并不是新鲜词汇。边缘计算是通过本地设备终端结合而成的平台，在靠近数据源或用户的地方提供计算、存储等基础设施，当规模达到一定量时，可以在边缘处提供云服务和 IT 环境服务。与云计算服务相比，边缘计算的存储和处理数据的能力更大、速度更快、成本更低、容量更大。

5G+ 边缘计算，是为了构建电信级边缘云服务能力，以此来加快建设广泛覆盖、固移融合的边缘数据中心，并提供电信级边缘公有云和定制化边缘私有云服务。

■ 5G+Ecology

5G+Ecology，意味着 5G 不仅仅是运营商的事情，也不仅仅是设备商的事情，而是整个社会的事情，通过丰富多彩的垂直行业应用，与各方共同构建 5G 生态系统。

具体在构建 5G 生态系统的过程中，包含了以下几个方面：

构建 5G 开放型生态系统；

建立三大联盟，推进 5G 产业合作；

推出 5G "BEST" 新商业计划："BEST" 分别指借助基础（Basic）、

使能（Enable）、专属（Special）三种服务模式，共同创造 5G 时代（Times）。

② 体验部署

移动是最早给出 5G 套餐参考的运营商，不过这些都只是测试套餐，只提供给友好用户体验使用。

■ 第一次测试体验：2019 年 6 月 25 日公布的套餐内容为：每月 200G 流量，1000 分钟语音和 100 条短信。

■ 第二次测试体验：2019 年 8 月 16 日起，已购买国行 5G 手机的中国移动用户，不换卡、不换号即可体验 5G 网络，体验包包含每月免费赠送的 100GB 通用流量，最高速率可达 1Gbps。

③ 基站建设

2018 年 3 月，中国移动天津分公司，在中国移动 5G 联合创新中心天津开放实验室开通，这是中国第一批 5G 应用示范城市建设的首个 5G 基站。进入 2019 年，中国移动计划在全国范围内建设超过 5 万个 5G 基站，在超过 50 个城市实现 5G 商用服务。并计划在 2020 年进一步扩大网络覆盖范围，在全国所有地级以上城市提供 5G 商用服务。

（2）中国联通

中国移动在 5G 领域的布局体量庞大，然而，中国联通在 5G 方面的布局，也不容小觑。

① 网络布局："7+33+n"策略

中国联通在 5G 方面的布局，采用的是"7+33+n"策略。

"7"，即在北京、上海、广州、深圳、南京、杭州、雄安 7 个城市城区连续覆盖。

"33"，即在 33 个城市实现热点区域覆盖。

"*n*"，即在 *n* 个城市定制 5G 网中专网，搭建各种行业应用场景（如智慧医疗、智能联网、智慧教育、智慧安防等），从而给合作伙伴提供更加广阔的试验场景，最终达到推动 5G 应用孵化及产业升级的目的。

② 终端布局：多种智能硬件共同发展

中国联通将终端布局作为重头戏，为此先后发布了《中国联通 5G 行业终端总体技术要求白皮书》《5G 通用模组白皮书》。

中国联通在终端布局方面，可谓说干就干。2019 年一季度，中国联通先后推出了 CPE（一种接收 WiFi 信号的无线终端接入设备）、MIFI（一种便携式宽带无线装置）、Dongle（一种软件保护器）等数据终端产品，提供不同场景的应用；2019 年 7 月，推出针对不同场景、不同领域的模组产品。截至 2019 年年底，中国联通共建设 4 万个 5G 基站。

③ 应用布局：打造万亿元级别的5G应用市场

■ 成立 5G 应用创新联盟

中国联通与 32 家合作伙伴共同成立了中国联通 5G 应用创新联盟，将重点工作放在孵化行业应用产品、研究商业创新模式、推动行业标准制定、搭建资本合作平台、联合产品市场推广方面。

■ 启动 5G 领航者计划

中国联通的 5G 领航者计划，主要是汇聚产业生态优势资源，领航 5G 应用的快速发展，实现网络和平台赋能、产业孵化赋能、商业创新赋能、营销资源赋能、创投资本赋能。

④ 品牌布局：5Gn让未来生长

"5Gn"是中国联通发布的全新 5G 品牌。因此，中国联通是全球第一家发布 5G 品牌的运营商。其中"n"代表着无数行业的无限可能，这意味着中国联通在未来品牌布局方面，有更广阔的发展前景。

⑤国际布局：与国际运营商共同开拓市场

中国联通的目光是十分长远的，不仅在国内部署 5G 计划，还走起了国际路线，与 8 家海外运营商（西班牙电信集团、德国电信亚太全权代理公司 Marveltec、日本电报电话公司、法国电信集团、英国电信、中信国际电讯集团有限公司、美国信宇科技公司、BICS 公司）共同携手建立 5G 国际合作联盟，共同开拓 5G 国际漫游市场。

⑥先锋计划：让先锋用户体验5G

中国联通作为一家运营商，在与其他两家运营商竞争的时候，关键是为了最大限度地获取用户。为此，中国联通推出 5G 先锋计划，目的就是为了让招募而来的友好体验用户能够通过 5G 手机，在不换卡、不换号、不换套餐的情况下，直接升级为 5G 用户，享受 5G 带来的不一样的通信体验。

⑦基站建设

2019 年 8 月，中国联通在南京的分公司的 5G 基站成功开通，这是国内首次在变电站内建设 5G 基站，向运营商开放"共享基站""共享变电站"。中国联通的这一 5G 部署，意味着中国联通率先为 5G 建设按下"加速键"。

（3）中国电信

没有谁愿意眼睁睁地看着别人赚得盆满钵满，而自己却在利益面前无动于衷。因此，前有中国移动在 5G 领域开辟新天地，后有中国联通在 5G 网络布局上的创新研发。同时，中国电信也摩拳擦掌，在 5G 网络布局上有了以下举措。

① **网络布局**

中国电信在 5G 领域的布局，采取的是"6+6"模式。即在已经确定的六个城市中（包括雄安、深圳、上海、苏州、成都、兰州）进行网络覆盖，还根据国家相关部委要求继续扩大试点范围，在后期再增设 6 个城市。

② **终端布局**

中国电信在 5G 终端方面的布局，主要是使 5G 终端设备具备沉浸式体验、多场景、多制式、多形态等特征。此外，还与芯片工艺、CPU/GPU、AI 等关键技术厂商进行合作。

③ **体验部署**

中国电信在部分城市推出 5G 体验包套餐，可享受每月赠送的 100G 大流量，体验期为两个月。

④ **基站建设**

在中国移动、中国联通之后，中国电信也在上海建立了首个 5G 基站，并将上海作为重点基站建设城市，预计在 2021 年年底将建设超过 1 万个 5G 基站。

如果你阅读完以上内容，感觉大脑中没有建成一个系统，没有留下深刻印象，不要紧，一张《三大运营商 5G 布局一览表》，可以助你更加系统、直观、清晰地了解三大运营商竞赛 5G 新跑道所做出的各种布局。如表 1-1 所示：

当前，对于三大运营商来讲，谁能够快速拉帮结派，谁就能在 5G 领域分得更大的蛋糕。因为，从技术的发展演进来看，5G 的建网成本是 4G 的 2 ~ 3 倍，运营商要想达到先人一步快速布局，引入战略合作伙伴是关键。

表 1-1　三大运营商 5G 布局一览表

三大运营商 5G 布局一览表					
名称 类型	中国移动		中国联通		中国电信
频谱 资源	2515 ~ 2675MHz		3500 ~ 3600MHz		3400 ~ 3500MHz
	4800 ~ 4900MHz				
布局 计划	"5G+X" 计划	5G+4G	网络 布局	"7+33+n"策略	网络 布局　"6+6"模式
			终端 布局	多种智能硬件共同发展	
		5G+AICDE	应用 布局	打造万亿元级别的 5G 应用市场	终端 布局　5G 终端设备具备沉浸式体验、多场景、多制式、多形态等特征
			品牌 布局	5Gn 让未来生长	
		5G+Ecology	国际 布局	与国际运营商共同开拓市场	
体验 部署	测试一：每月 200G 流量，1000 分钟语音、100 条短信		在不换卡、不换号、不换套餐的情况下，直接升级为 5G 用户		部分城市推出 5G 体验包套餐，每月可享 100G 大流量，体验期两个月
	测试二：不换卡、不换号即可体验 5G 网络				
基站 建设	2019 年建设超过 5 万个 5G 基站		2019 年共建设 4 万个 5G 基站		2019 年在全国 50 个城市共建 4 万个 5G 基站

华为5G商用走在世界最前列

华为常被业界称为是一个"神话"。这么说，并不是在神化华为，而是对华为从一个名不见经传的小作坊，逐渐成长为能与世界竞争对手相抗衡的强劲企业的一种赞誉。华为自创建之初，就是通过作为一家电信设备制造商而一路高歌猛进的。自从 2017 年击败了电信设备制造行业的老牌军爱立信之后，就一直稳坐全球电信设备制造商第一的交椅。

华为创造的神话举不胜举，华为不但活了下来，而且还比绝大多数竞争对手活得更好。原因就在于，华为有一股倔强的、不达目的誓不罢休的劲儿。在当前全球 5G 快速发展的时代，华为作为 5G 标准制定者、设备和方案的提供者，更是看准 5G 带来的机遇和前景，奋战 5G 领域，并且取得了有目共睹的成绩。在全球 5G 商用步伐上，华为公司也已经位居前列。

那么，华为 5G 商用究竟有哪些好的表现呢？如图 1-3 所示：

图 1-3　华为 5G 商用的方向

1. 鸿蒙系统

2019 年 8 月 9 日，华为鸿蒙系统正式登场亮相。随着华为全场景智慧生活战略的枪声打响之后，鸿蒙 OS 系统成为华为 5G 时代向全场景体验迈出的第一步。鸿蒙 OS 系统所具有的四大显著技术特征是：终端无缝协同、低时延、安全可信、跨终端生态共享。

　　华为为何要舍弃系统界的大佬安卓系统，而要费心费力去研发鸿蒙系统呢？其实，这是华为为了迎合 5G 商用的到来而提前做的准备工作。在"万物智能"的大背景下，可以预见，未来的笔记本电脑发展方向，必然会受到 5G 的影响和冲击，向着更加智能化、轻薄化、极速算力和智能交互方向发展。在 5G 时代，PC（个人电脑）的硬件和软件的计算任务，将从云端通过运营商而向终端转移。鸿蒙 OS 操作系统，最大的优点就在于能够与任何部署；鸿蒙 OS 系统的云端进行数据互通，做到真正的全端协作，为用户带来高效的信息传输体验。

2. 自研芯片

　　在整个手机市场都在向 4G 迈进的时候，智能手机品牌的竞争，使得手机生产厂商不得不走低价路线，这成为阻碍手机生产厂商利润增长路上的主要因素。到了后 4G 时代，5G 兴起并逐渐走向商用阶段，众多手机生产厂商，尤其是走高端路线的厂商，为了在 5G 大趋势面前能够积极把握主动权，于是开始大举发力芯片的研发和使用。

　　华为作为一家终端生产厂商，更是要抓住 5G 新机遇，为自己赢得市场先机。因此，2019 年华为在芯片方面，打造了首款 5G 基站核心芯片——天罡芯片、5G 多模终端芯片——巴龙 5000。此外还亮出了自己的"王牌"，即融合 5G 和 AI 的 5G SoC 芯片"麒麟 990"。华为的 5G 芯片创新，是当前安卓市场性能最强的手机芯片。然而，华为在 5G 芯片上的脚步并没有停歇过。之后，华为又发布了人工智能芯片、5G 基带❶

---

❶　基带：信源发出的没有经过频谱搬移和变换的原始电信号所固有的频率带宽，称为基本频带，简称基带。

芯片。这表明，华为在芯片技术方面，已经完全掌握核心技术，并且在通信领域的实力越来越强劲。

3. 5G手机

既然 5G 即将成为移动通信领域的发展和商用趋势，那么研发有关 5G 的终端产品，则是生产厂商挖掘 5G 市场商机的一个重要方向。

华为作为国产手机业的老大哥，不但研发出了 5G 芯片，还研发出了 5G 芯片得以更好地服务于消费者的 5G 手机——华为 Mate20X 5G 版。这是华为的首款 5G 商用手机，在 2019 年 8 月上市的时候，卖得异常火爆。

4. 基站布局

未来是 5G 的时代，华为在 5G 领域具有十分显著的技术优势，这些优势也体现在 5G 基站建设方面。在 5G 时代，移动通信技术将不再依赖于大型基站的布建架构，而是由大量的小型基站挑起大梁，以覆盖那些大基站所无法触及的末梢通信。

华为作为国内最领先的 5G 设备供应商，更是成为了中国 5G 基站建设的主力军。2019 年，华为共计划生产 60 万个 5G 基站，而 2020 年则将生产力度进一步提升，计划生产高达 150 万个 5G 基站。截至 2019 年 8 月底，华为在全球范围内已获得 50 多个 5G 商用合同，其中，28 个来自欧洲，11 个来自中东，6 个来自亚太，4 个来自美洲，1 个来自非洲；发货 20 多万个 5G 基站。这意味着，华为拿下了全球 5G 最大的订单，接近三分之二的 5G 基站是由华为建设的。

在当前这个唯快不破的时代，谁能够快速奔跑在创新和发展前列，谁就能快速做大、占领市场。不得不说，华为能够成功抢占 5G 市场先机，能够率先走在全球 5G 商用的最前列，原因在于其不但策略精准，而且发力迅猛。

套餐预约破千万，5G 商用加速

任何一项新兴技术的诞生，都会吸引人们主动去拥抱它，有的是出于新奇，有的是出于对利益的追逐。但无论出于何种目的，这项新兴技术，都是对人类生活的一种难得的技术馈赠。

5G 作为一项新兴的移动通信技术，自然也广受青睐。5G 不但成为了运营商争夺战的主战场，还成为终端设备生产厂商的逐利点，更是广大用户为了满足其新奇感、追逐时代潮流的新方向。

在三大运营商与手机生产厂商奋发图强之际，5G 技术的应用，也成为大众所关心的焦点。因此，在三大运营商开放 5G 套餐网上预约业务、各大手机生产厂商 5G 手机研发上市之后，不到一个月的时间，三大运营商 5G 套餐预约的总人数，已经突破千万。中国移动、中国电信、中国联通的 5G 预约量分别为 598.8 万、211.03 万、201.54 万。并且预约人数还在保持迅猛上涨的趋势。

这一波 5G 套餐预约热潮，显然极大地刺激了用户对 5G 的热情。有 5G 网络套餐，必然需要有 5G 手机，才能实现 5G 网络真正商用。因此，在运营商预约用户不断上涨的同时，5G 相关终端设备也在不断增多。目前，三星、小米、vivo 等中外厂商都纷纷注入资金和人力，为推出 5G 手机而不断发力。

据工业和信息化部官网数据显示，目前，中国市场中，已经有接近 20 款 5G 手机可以上市。

如此看来，手机已经成为当前 5G 商用的先行军。在两三年前，人们就在讨论 5G 何时才能进入商用阶段，有关专业人士预计：5G 将于 2020 年左右实现商用。现在 5G 网络已经随着 5G 手机的踊跃上市，而提早进入初级商用阶段。这与运营商，以及广大终端设备生产商纷纷提早积极布局 5G 产品、技术有着密不可分的关系。

世界 5G 之战：一场不容有失的较量

每一代通信技术的变革，都会伴随着国家命运的沉浮，甚至可以决定战争的胜败。

早期，通信信号运用的主要领域是军事，借助无线信号，可以使得对敌方的袭击更加精准。当时，谁掌握了先进的无限通信技术，谁就有了在战场上获胜的资本。

如今，全球在通信技术上更是群雄逐鹿。但在全球范围内，当属中国、美国、韩国最具竞争实力。由此，一场浩浩荡荡的世界 5G 之战就此拉开，这是一场不容有失的较量。

1. 中国

中国在很长一段时间里，移动通信方面的发展落后于人。然而，随着移动通信技术的不断更迭，中国在移动通信技术领域的发展也在与全球逐渐缩小差距，并有能力快速拥抱 5G 时代。

（1）5G 专利

目前，中国拥有全球三成以上的 5G 专利。华为作为通信领域的实力担当，其在 5G 领域的研发和创新，并不逊色于诺基亚和爱立信。华为当前仅 polar 码 ❶ 申明标准专利，就有 51 项，占了全球总数的 49.5%；中

---

❶ polar 码：是一种前向错误更正编码方式，用于讯号传输。

国的 5G 专利总量，在全球范围内占 34%。因此，中国手握规模如此庞大的专利技术，在 5G 时代的发展自然比其他国家会更快。

（2）5G 市场

国内移动互联网大数据公司 Quest Mobile 发布的《中国移动互联网 2019 半年大报告》显示：中国移动互联网用户规模已经达到了 11.4 亿，4G 用户数超过了 12 亿。

显然，我国拥有庞大的网络用户基础，具有全球规模最大的移动通信市场。这又催生了像华为和中兴这样的世界级电信设备制造商、像腾讯和阿里这样的世界级互联网企业。

（3）5G 基站

我国非常重视扶持 5G 的发展，为此，国家发改委颁布相关文件表示：免收 3 年电信运营商 5G 频率费。仅这一项政策扶持，就为运营商节省了数千亿成本，也使得运营商能够大刀阔斧地进行 5G 创新技术的研发和部署。目前，我国已经拥有将近 35 万个 5G 通信基站。

（4）5G 技术标准

5G 技术标准的认定是由 3GPP 负责的。3GPP 实际上是一个组织，即实现由 2G 网络到 3G 网络的平滑过渡，保证未来技术的后向兼容性，支持轻松建网及系统间的漫游和兼容性的组织。

如果对 3GPP 的理解不够清晰的话，我们可以打个比方。如果将全球移动通信比作一个村的话，那么 3GPP 就是这个村的村长，他决定你的地里今年种什么"农作物"，你就需要种什么；他让你的"庄稼"长多大个头，你的庄稼就必须长多大。否则，你收获的"农产品"就不符合这个"村子"里的标准。

3GPP 的成员，都是全球各国在通信领域有重要地位或作用的运营商，共有七位大佬：日本无线工业及商贸联合会、中国通信标准化协会、美国电信行业解决方案联盟、日本电信技术委员会、欧洲电信标准协会、印度电信标准开发协会、韩国电信技术协会。

制定通信标准，首先要看一个国家的综合实力，因此，这是政治、经济、技术实力的综合体较量。另外，在 5G 技术标准的制定上，需要"下本"，投入更多时间、精力、经费，一旦提出的技术标准被采纳，先发优势就会体现出来，进而经济利益也凸显出来。

由于我国运营商、通信设备生产商在 5G 领域已经深耕多年，尤其是中国移动，作为"国家队"的重要成员，在 5G 标准制定方面更具实力。所以我国提出的相关 5G 技术标准，在整个 5G 标准中占据相当大的比重，甚至成为 5G 标准制定过程中的重要力量。而且，在部分领域，中国经济实力雄厚，这奠定了 5G 技术标准之争的基本格局。目前，从技术标准占有量来看，中国占了 21 项，其他国家加起来 29 项，中国占全球 5G 技术标准的 42%。

（5）5G智能手机

5G 智能手机是 5G 商用的先行军。所以，截至 2019 年 8 月，中国已经先后发售了多款 5G 智能手机，包括华为的 Mate20 X 5G、中兴的天机 Axon 10 Pro 5G、小米的小米 9 Pro 5G、vivo 的 iQOO Pro 5G、OPPO 的 Reno 5G、一加的 7 Pro 5G、中国移动的先行者 X1 等。相信未来，我国还将有更多的 5G 手机上市。截至 2019 年 9 月底，我国 5G 手机出货量达到 49.7 万部。

（6）5G芯片

5G 智能手机的落地，怎么能少得了芯片的应用？我国 5G 芯片的创新和研发成果，在全球范围内一枝独秀。除了华为的全球首款 5G 基站核心芯片"天罡芯片"、5G 多模终端芯片"巴龙 5000"、5G SoC 芯片"麒麟 990"，还有紫光展锐的 5G 基带芯片"春藤 510"、联发科的 Helio M70 芯片，为我国在 5G 芯片方面的研发和创新画上了优美的一笔。

（7）5G 汽车

如果说移动互联网的出现，重塑了汽车工业，那么 5G 的出现则重新定义了汽车工业，将汽车产业的发展提升到了一个新高度。

我国的汽车产业，借助我国的先进 5G 发展技术和优势，从一个"跟跑者"转变为了一个"领跑者"。

以我国的荣威汽车为例。荣威汽车在 2006 年开始进入人们的视野和生活，主打信息技术 + 汽车，作为品牌亮点而吸引了无数用户。

3G 时代，荣威紧跟时代发展的步伐，推出了荣威 350，主要是打造智能网络行车系统，使得整款车具备了丰富的车载功能，以及强大的人际沟通能力。这一基于信息技术的创新，使得荣威汽车的形象一下在汽车领域变得高大起来。

4G 时代，荣威汽车有与阿里巴巴联手，借助阿里巴巴的 yunOS 系统，推出了网红车"荣威 RX5"。这款车的最大特点，就是将车联网技术发挥到了极致。

5G 时代，汽车作为一种交通工具，逐步具备了高智商，并被赋予了与人类一样的情感，逐渐变为了一个多场景的"移动空间"。面对全新的竞争环境，荣威抢先一步，发布了具备"全球首款 5G 零屏幕智能座舱"的荣威概念车 VISION Ⅰ。它能首次尝试突破屏幕边界，打造出具备全舱交互能力的整舱智能交互系统，还能做到全舱信息覆盖，而且在低速无人驾驶条件下，它能够自主完成"最后一公里"泊车和取车，让汽车成为未来出行服务的超级入口。该款车无疑是 5G 时代的汽车领域的新秀。

2. 美国

2019 年 4 月，美国总统普特朗普说道："5G 是一场美国必须取胜的竞赛。"可见，美国将 5G 竞赛的胜负看得很重，也表明了其决心。但其在 5G 领域的发展究竟如何呢？

（1）5G 专利

专利数量，也是全球国家在 5G 领域竞争的重点。美国在 5G 专利方面，数量占全球的 15%，这与中国的 34% 相比，相去甚远。在 5G 专利方面，美国显然败给了中国。

（2）5G 市场

2019 年 8 月，美国的多个运营商正在进行 SA 架构的端到端 5G 系统测试，这意味着美国要想真正进入 5G 商用阶段，到 2020 年才能实现。此外，受到频谱和资本两方面的影响，美国 5G 在网络覆盖、性能和行业应用方面都处于起步阶段。

世界知名的电信产业分析机构 Ovum 预测：2019 年，受限于覆盖、业务等因素，美国的 5G 用户增长缓慢；直到 2020 年，预计 5G 用户有所上升；直到 2021 年年底，5G 用户有望达到 3000 万。

可见，目前美国的 5G 市场并不乐观。要想赶上中国，还需一段时间。

（3）5G 基站

全球在没有开始 5G 商用之前，就已经纷纷忙碌着进行 5G 网络建设。网络建设，最不能缺少的就是基站。在这一点上，美国与中国的差距是十分明显的，因为目前美国规划建设 5 万个 5G 基站，而已经建成的 5G 基站仅有 3 万个。

（4）5G 技术标准

美国拥有四大移动运营商，分别是 Verizon、AT&T、T-Mobile、Sprint。目前，T-Mobile 和 Sprint 已经合并为 New T-Mobile，以便在 5G 技术领域开展宏图大业。

虽然美国推出了 5G Home 服务，并且也已经在 2018 年 10 月的时候就宣布在 4 个城市中加以应用，但 5G Home 服务并不是基于 3GPP 技术标准的，而是 Verizon 与多家厂商自己制定的 5GTF 标准。因此从 2019 年开始，Verizon 进一步将已经安装的 5G Home 服务基站升级到支持 3GPP 标准。

AT&T 也在 2018 年 12 月的时候，推出了"5G+"服务。"5G+"服务基于 3GPP 标准，而且能够提供的是移动服务。但遗憾的是，美国当前还并没有研发出支持"5G+"的商用手机。

New T-Mobile 在 5G 技术标准方面，目前没有做出什么大举措。但其在 5G 建设上的发展的目标是，到 2024 年，实现 5G 网络覆盖 2.93 亿人口。

（5）5G 手机

目前，5G 商用在即，5G 手机作为先行军备受瞩目。在中国的 5G 智能手机销售量猛增的时候，美国市场中，仅有的 5G 手机有三星 Galaxy Note 10 5G、Galaxy S10 5G、LG V50 ThinQ 5G 和联想 Moto Z 等寥寥几款，但却没有一款是美国本土的品牌手机。目前，美国的首款 5G 手机还在试产阶段。即便美国的最大终端设备生产商苹果公司，也只能在三年后才能推出 5G 手机。

（6）5G芯片

在芯片方面，不得不说美国有高通、英特尔、苹果这样的"铁三角"做后盾，在芯片研发方面具有雄厚的实力。

苹果在与高通交恶之后，手机变采用了英特尔基带，在使用过程中，用户经常会遇到信号差的情况，成为了苹果的一个被人所诟病的缺陷。随后，苹果高价"收买"了英特尔的调制解调器业务，并计划自己开发 5G 基带芯片，首先需要解决的就是信号差的问题，这对于苹果来说是一个比较艰巨的工作。虽然苹果计划重新设计芯片，然后再铺设 5G 基站、进行网络速度测试，并确保与运营商的网络能够相匹配，但这一系列任务对于苹果来讲还是十分艰巨的。

高通在 2019 年 10 月公布了一款 5G 芯片"骁龙 X5"，此外还计划在随后再推出一款 5G 旗舰芯片"骁龙 865"。

3. 韩国

在全球 5G 争夺战打响之后，韩国同样希望自己在全球 5G 领域能够"抢跑"。在美国即将开始进入 5G 商用时，便抢先一步，提前 2 天超越美国，率先在 2019 年 4 月 3 日正式开通了 5G 网络，成为全球首个 5G 商用化国家。那么韩国具体在 5G 技术领域有哪些作为呢？

（1）5G专利

韩国在 5G 技术领域的发展势头十分迅猛，在专利数量方面占全球总量的 25%，位居全球 5G 专利第二名。

（2）5G市场

自从韩国正式推出 5G 商用服务后，在短短的 160 天时间里，韩国的 5G 用户数量超过了 300 万。

（3）5G基站

韩国在 5G 基站建设方面的爆发力不容小觑。自从进入正式面向用户提供 5G 商用服务以来，韩国的 5G 基站建设数量已经超过了 9 万个。而且这一数量是当时推出基站数量的两倍。换句话说，韩国的 5G 基站建设，在不到半年的时间里，就翻了一番。

（4）5G技术标准

在 5G 技术标准的争夺战中，每个国家都想成为主导者，但在这个凭实力说话的时代，谁有能力谁就率先"上位"，谁就最终掌握了 5G 的话语权。因此，韩国积极提交 5G 技术标准申请，这些申请包括 5G 服务中使用的部分无线互联网技术和宽带技术。

（5）5G手机

韩国知名的终端设备生产商有三星、LG，这两大设备生产商在 5G 手机研发方面也有不错的表现。2019 年 9 月，三星作为目前 5G 商用经验非常丰富的手机品牌，率先推出首款 5G 旗舰手机 Galaxy Note10+5G；时隔一个月之后，LG 推出旗舰智能 5G 手机 V50S ThinQ。

（6）5G芯片

韩国在很多科技领域上领先世界，自然也不愿在 5G 芯片方面落后。因此，华为的麒麟 990 5G 芯片闪亮登场之后，三星就快速发布了自己的 5G 双模芯片三 Exynos 980。而且高通和联发科在 2020 年才能够实现 5G 芯片的量产，这就使得三星的 Exynos 980 在一定程度上更具优势。

除了中国、美国、韩国之外，日本、英国、瑞典、芬兰、加拿大、意大利等国家也在 5G 之战中各施所长，以期能够"占山为王"。从其 5G 专利竞争上，可见一斑。截至 2019 年 5 月，全球 5G 专利排行榜情况，如表 1-2 所示：

表 1-2　全球 5G 专利前十排行榜

全球 5G 专利前十排行榜					
排名序列	国家及地区	占比	排名序列	企业名称	数量
1	中国	34%	1	华为（中国）	2160 项
2	韩国	25%	2	诺基亚（芬兰）	1516 项
3	美国	15%	3	中兴（中国）	1424 项
4	芬兰	14%	4	LG（韩国）	1359 项
5	瑞典	8%	5	三星（韩国）	1353 项
6	日本	5%	6	爱立信（瑞典）	1058 项
7	中国台湾	<1%	7	高通（美国）	921 项
8	加拿大	<1%	8	夏普（日本）	660 项
9	英国	<1%	9	英特尔（美国）	618 项
10	意大利	<1%	10	中国电信科学技术研究院（中国）	552 项

　　所谓"时势造英雄"，中国凭着自己的实力，在这场世界 5G 之战中有不俗的表现，完全可以在这场 5G 之战中凯旋。

▶ 聊一聊 5G 的前世今生

一项新技术概念出现之后，必然会引起业界一番热烈的讨论，然后引发大量资本蜂拥而上，争夺产业高地。这是任何一项新技术都要经历的必然过程。然而，无论进行何种技术延伸和创新，最关键的还是首先对这项新技术有更加清晰、透彻的了解。

5G 是当前最受人瞩目的前沿技术之一，因此广大民众、行业大咖、跨界企业，乃至全球范围内的各个国家，都将目光聚焦于 5G，以期能够在这个领域成为"领头羊"，拥有话语权。

那么，人人都在谈论 5G，大家口中的 5G 到底是什么？有什么特别之处？为什么受到人们的关注？想必不少人心中对这些问题充满了疑惑。那么，在回答这些问题之前，我们就先聊聊 5G 的前世今生。

1G 到 4G 的发展与演变

移动通信技术的发展是在不断的更迭中发展的，其中 2G、3G、4G 是我们所经历和熟识的。然而，每一次升级换代，都是在 1G 的基础上进行的。可以说，没有第一代移动通信技术（1G）做基础，4G 不可能发展成今天，更不会迎来如今更加美好的 5G 时代。在真正认识和了解 5G 之前，我们带着追溯的心，一起去了解移第五代移动通信技术（5G）的前身，即认识从 1G 到 4G 的发展与演变。

1.1G：音频传输时代

还记得当年长有天线、给人炫酷感十足的"大哥大"吗？它是摩托罗拉公司打造的全球第一款手机，由于它体积像砖头一样大，所以人们将其戏称为"大哥大"。这款手机当时可以说是风靡全球，是叱咤风云、土豪级别人物的标配，如果出门做生意，不带这么个大块头都不够"范儿"。而这款手机所用的移动通信网络，就是最早的移动通信技术的"鼻祖"1G 网络。

1G 诞生于 20 世纪 80 年代，是第一代无线蜂窝❶、模拟技术，仅支持语音呼叫，当时可以看作是音频传输时代。由于其最高网络速度为 2.4Kb/s，因此只能实现语音信号的传输，不能上网。使用 1G 技术的手机，有诸多弱点，诸如手机电池寿命短、语音通话质量差、安全性差、极容易掉线、串号等。再加上传输带宽的限制，所以 1G 通信不能进行移动通信的长途漫游，只能是一种区域性的移动通信系统。

我国走进移动通信时代的时间比较晚，在 1987 年才开始在广东省建成首个 TACS 模拟蜂窝移动电话系统，这就是中国移动的前身，也标志着我国正式进入 1G 时代。

1G 标准：

1G 时代也是有技术标准的，其技术标准如下：

（1）AMPS标准

AMPS 标准，即高级移动电话系统，由美国最大的电信运营商 AT&T 所开发。由于当时一个基站只能同时容纳 4 个人打电话，而且只有将手机和基站连接后才能通话，当基站显示是红灯的时候，就意味着这个基站被别人占了；当基站显示的是绿灯的时候，才可以给别人打电话。

---

❶ 蜂窝技术：是一种无线通信技术，采用一个叫基站的设备来提供无线覆盖服务。

AMPS 技术，主要是早期为了解决基站容量问题而推出来的一项技术。

AMPS 技术的出现，使得电话能够真正进入商用阶段，早期 AMPS 技术在北美、南美和部分环太平洋国家广泛使用。

（2）TACS 标准

TACS 标准，即总接入通信系统，由摩托罗拉公司开发，可以说是 AMPS 系统的修改版本，实现了真正意义上的蜂窝移动通信。该标准在英国、日本和部分亚洲国家得到了广泛使用。

（3）NMT 标准

NMT 标准，即北欧移动电话系统，该系统被瑞典、挪威和丹麦的电讯管理部门在 20 世纪 80 年代初确立为普通模拟移动电话北欧标准。该标准在俄罗斯的部分地区、中东和亚洲部分国家使用过。

2. 2G：音频 + 文字传输时代

1999 年，1G 技术升级，进入 2G 时代。数字蜂窝通信取代了模拟技术，使得移动通信技术有了跨时代的提升。虽然这个时代依旧定位于语音业务，但基于 2G 网络的手机可以发短信、彩信，是音频 + 文字传输的时代，同时也进入了可以上网的初级时代。2G 时代，数据传输速度达到了 14.4Kb/s。

从 2G 时代开始，全球真正进入了移动通信标准争夺时代。由于 1G 时代，各国并没有统一的移动通信标准，所以各国厂商要发展各自的专用设备，才能与自己国家的网络系统相匹配。这样在一定程度上抑制了全球移动通信产业的发展。

进入 1989 年，随着 GSM 统一标准进入商业化阶段，诺基亚和爱立信开始疯狂啃食通信产业市场。仅用了 10 年的时间，诺基亚就将摩托罗拉拽下了"神坛"，而自己则成功"上位"，成为全球最大的移动电话商。这个时代的手机天线，较大哥大明显缩短。

2G 标准：

2G 时代，天下被一分为二，GSM 与 CDMA 共存。

（1）GSM标准

GSM 标准，即全球移动通信系统，也就是我们熟知的"全球通"。该技术标准起源于欧洲，让全球漫游成为了可能，因此使得移动通信实现了全球化。基于 GSM 标准，全球各地可以共同使用同一个移动电话网络，这样用户就可以实现"一机在手，走遍天下"，再也不用为了跨国通信问题而担心。

（2）CDMA IS-95标准

CDMA IS-95 标准，是由美国电信工业委员会（TIA）制定的。该标准主要用来发送声音、数据。CDMA IS-95 与 3G 时代的 CDMA2000 也经常被简称为 CDMA。在 1996 年后，主要在韩国、北美、拉丁美洲等地区实现大规模商用。

3.3G：图像传输时代

2003 年，3G 运用而生。在 3G 时代，传输速度最大可以达到 2Mb/s，因此上网已经不再像以往一样是一件奢侈的事情。进入 3G 时代，移动通信网络的发展必须要达到更快数据传输的目的，而 CDMA 标准则是最能够满足这一需求的系统。因为 CDMA 具有频率规划简单、系统容量大、信号质量好，使得图像传输成为这个时代显著特点。因此，一大波 CDMA 技术标准出现：W-CDMA、CDMA2000、TD-SCDMA。可以说，3G 时代，是 CDMA 的家族狂欢的时代。与 3G 相匹配的手机如三星、诺基亚、索爱、黑莓等开始主宰手机世界，而且从外观上看，这个时代的手机天线已经完全消失。这里相信很多人会好奇，天线究竟到哪里去了？真的不再需要天线了吗？关于这个问题，后面会给出答案。

3G 标准：

（1）W-CDMA标准

W-CDMA 是由欧洲制定的，能够支持移动 / 手提设备之间的语音、图像、数据以及视频通信。输入信号之后会被数字化，然后在一个比较宽的频谱范围内以编码的扩频模式进行传输。W-CDMA 的支持者十分广泛，主要包括欧美的爱立信、阿尔卡特、诺基亚、朗讯、北电，以及日本的 NTT、富士通、夏普等厂商。

（2）CDMA2000标准

CDMA2000 是由美国制定的 3G 技术标准。CDMA2000 可以由 CDMAOne（如 CDMA IS-95）结构直接升级到 3G。使用 CDMA 的国家只有日本、韩国和北美，因此 CDMA2000 的支持者没有 W-CDMA 的多。

（3）TD-SCDMA标准

TD-SCDMA 是由中国制定的，该标准因为辐射低，而被誉为"绿色 3G"。

虽然中国在 3G 时代取得了技术性突破，但由于中国当时的 3G 用户在数量、终端数量、运营地区上都存在一定的劣势，因此在 3G 时代失去了领跑的机会。但这次突破，使得中国在接下来的 4G 时代充满了信心。

4. 4G：视频+数据传输时代

2009 年，第四代移动网络诞生。4G 将 3G 与 WLAN 融为一体，并且能够快速传输数据、高质量音频、视频和图像等。所以 4G 时代是视频 + 数据传输的时代。

4G 时代的网速在 3G 时代网速的基础上有了更大的提升了：当设备快速移动时，4G 网络的最大速度为 100Mb/s；对于低移动性通信，比如当呼叫者静止或行走时，速度为 1Gb/s。简单来说，4G 能够满足所有用户对无线服务的要求，此时智能手机也普及到了千家万户。看直播、看视频、玩手游、逛网店已成为人们日常生活的一部分。

在这个全新的移动通信网络时代，全球绝大多数手机型号都支持 4G，人们可以真正实现自由沟通无障碍。很明显，4G 比以往任何一个移动通信时代，都具有不可比拟的优越性。

4G 标准：

4G 时代的技术标准是由 3GPP 组织涵盖的全球各大运营商共同制定的 LTE 标准。

纵观移动通信技术从 1G 到 4G 的发展历程，流量掣肘的问题逐渐消失。但即便如此，4G 依旧有一些不尽如人意的地方，比如上网延迟、卡顿等现象，因此快速上网依旧是影响人们使用体验的瓶颈。急需一种更高阶的移动通信网络技术来改变现状。

5G 不只比 4G 多一个 G

2019 年，我国正式进入 5G 商用元年，将为我们实现一个"信心随心至，万物触手及"的美好愿景。在全球争夺 5G 商用高地的时候，对于大众而言，最好奇的问题是，5G 究竟是什么？只是比 4G 多了一个 G 吗？

移动通信经历了 1G 到 4G 的发展历程，如今又要进入 5G 时代。那么其中的"G"是什么概念呢？这里的 G，并不是指硬盘容量的大小，而是英文 generation 的简写，意思是代。所以 5G，就是第五代移动通信。

什么是 5G 呢？下一代移动通信网络联盟（NGMN）在《5G 白皮书》中给出的定义是：5G 是一个从端到端的生态系统，它将打造一个全移动和全连接的社会。5G 连接的是生态、客户、商业模式。能够为用户带来前所未有的客户体验，可以实现生态的可持续发展。

那么 5G 究竟与前面几代移动通信技术相比，有哪些优势呢？如图 1-4 所示：

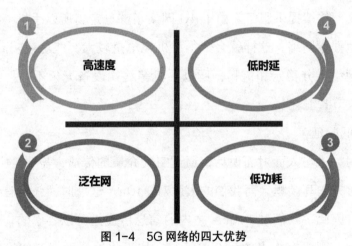

图 1-4　5G 网络的四大优势

■ 高速度

5G 意味着上网更高、更快、更强。5G 的网速是 4G 的 100 倍，其峰值理论传输速度可达 100Gb/s，对于 5G 的基站峰值要求不低于 20Gb/s。一部超高清画质的电影，用 5G 的话，1s 就可以完成下载。端到端的时延只有 1ms，快到我们根本无法感知。移动情况下的稳定性，即使在高速行驶的高铁上也能做到。

■ 泛在网

在当前的 4G 时代，我们经常会发现在电梯、地下车库、高山、峡谷等地方会没有手机信号，这样严重影响我们的通信业务，也会影响智能无人驾驶汽车在地下车库正常泊车和充电，进而导致其"瘫痪"。

而 5G 时代，这种现象将不复存在，无论你处在社会生活中的哪一个角落，都会有网络覆盖，人们可以随时随地上网。这就是 5G 的泛在网特性。

■ 低功耗

生活中，我们所使用的终端设备过一段时间都需要为其充电，以保证其为我们持续提供服务。由于 4G 网络不够稳定，所以手机等终端设备会不断地搜索网络，这样就会使得手机耗电量较大，即功耗较高。而 5G 时代，网络十分稳定和流畅，所以手机等终端设备无须不断搜索网络，能够有效节省能耗。

■ 低时延

平时，人与人面对面说话，通过空气介质的传播，需要 140ms 才能传达到对方的耳朵里。而我们的大脑对 140ms 这个时间并没有十分明显的感知。因此，我们对 140ms 之内的信息传递是可以容忍的，一旦超出这个时间，则没有太多的耐心去等待。如果将这个延迟时间换作无人驾驶汽车，则在这 140ms 的延迟时间里，汽车已经向前开出了 200m；如果是 20ms，也已跑出了十几米。显然，这样的时延对于无人驾驶汽车是绝对不允许的。

5G 的时延是 1ms，甚至更低。相比于 3G 网络的时延大约为 100ms，4G 网络的时延大约为 20~80ms，5G 具有更低时延的特点。

从 1G 到 2G、2G 到 3G、3G 到 4G、4G 到 5G，我们都认为这是一种技术的升级，而且大概间隔 10 年的时间就进行一次升级。如图 1-5 所示：

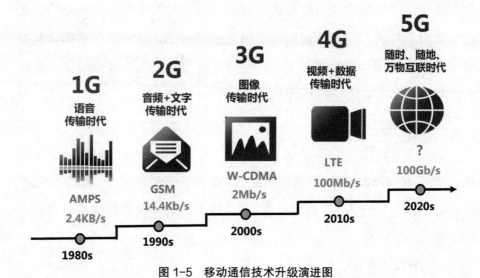

图 1-5　移动通信技术升级演进图

　　尤其是 4G 到 5G 的升级，并不是人们想象的那样，只是多了一个 G。并不只是在速度上的提升、网络覆盖更加广泛、功耗更低、时延更低，与以往的移动通信技术相比，在深度、高度、广度、力度上也发生了全面变化。

1. 功能的提升

　　4G 主要服务于个人消费者，即为个人消费者提供移动宽带体验；5G 除了服务于个人消费者之外，还通过移动通信与各行各业相结合，为各个传统行业带来数字化转型。此外，在 5G 时代，一切人和物都处于随时随地联网的状态，5G 还可以作为人与机器之间相互沟通的语言，从而构建一个万物互联的未来世界。因此，5G 时代，实现了速度的量变到质变，让 5G 拥有了改变人类生活和全行业的巨大力量。

2. 智能产品品类的提升

　　5G 网络存在的意义和价值就是实现商用。5G 网络未来支持的设备远远不只 4G 时代的智能手机。届时，智能手表、健身腕带、智能衣服、智能头盔、智能拐杖、智能袜子、智能鞋子、智能书包、智能眼镜、智能家庭设备等，都将成为新时代更具创新的产品。这些产品将担负起减轻我们日常生活重负的重要工具，并逐步开始用于日常安全防护和健康管理等领域，越来越受到人们的喜爱。

3. 应用的提升

由于 4G 时代有 1ms 的延迟，5G 时代只有 0.1ms 的延迟，这样就可以实现 4G 时代难以实现的应用操作。比如无人驾驶、自动控制、远程医疗等。所以，进入 5G 商用阶段，5G 带来的各种创新性应用超乎我们的想象。

4. 回报率的提升

对于我国而言，借助 5G 网络，更重要的是发展经济。据华为报告数据显示：每增加 1 美元的通信投资，可以额外获得 5 美元的 GDP 回报，回报率为 500%。预计到 2030 年，5G 将为我国带来直接经济产出 6.3 万亿元，带来就业机会达 800 万个。

以上这些，正是使 5G 能够成为全球各国兵家必争的原因。尽管当前 5G 技术标准还没有最终确定，但在 5G 发展当红之际，全球在发展战略中，都将 5G 作为一项重要的战略进行积极部署。2019 年是 5G 商用元年，全球都在为实现 5G 商用目标而不断努力。

▶ 5G 究竟因何而来，因何而起

科技的发展日新月异，每过几年或十几年就会有新的技术诞生。短短 40 年间，人类就经历了移动通信技术从 1G 时代到 5G 时代的跨越。然而每个时代，都是在一定社会发展需求的前提下出现的。移动通信技术就是将近每隔十年的时间进行一次升级和迭代，因此 5G 的出现具有一定的必然性。

那么 5G 究竟因何而来，因何而起的呢？

业务需求

4G 时代，虽然较之前的 1G、2G、3G 已经有了很大的进步，但在具体的应用过程中，依旧表现出许多缺陷，这些缺陷无法满足业务发展需求，从而需要一种更加优质的网络技术来解决。5G 就是最好的解决 4G 时代业务需求的网络技术。

4G 技术诞生之后，能够满足当时的各项业务的发展需求。然而，科技总是在不断进步中推动人类文明和发展的。随着时间的推移，各种对网络技术提出新要求的创新产品出现。4G 已经不能满足它们的发展和业务需求，5G 作为一种更高阶的网络技术，则成为必须工具取代 4G，以满足更多的业务需求。这些业务需求，主要体现在以下几方面，如图 1-6 所示：

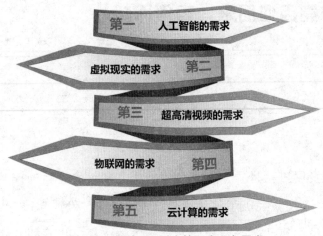

图 1-6　导致 5G 诞生的五大业务需求

1. 人工智能的需求

近几年，人工智能站在了强有力的风口上，但人工智能的落地，需要一种具有更快传输速度的网络技术去推进。第五代移动通信技术，运用于人工智能领域，可以提供更快的响应速度、丰富的内容、智能的应用模式以及更加直观的用户体验。可以说，5G 不仅在网速上有明显提升，而且具有网络全覆盖，具有低功耗、低时延的特点，这些更能很好地补充 4G 制约人工智能发展的短板，成为驱动人工智能的新动力。可以说，如果未来没有 5G 的支持，人工智能之后的发展规模和速度，将会受到很大的限制。

2. 虚拟现实的需求

随着虚拟现实技术在各领域的不断渗透，虚拟现实的市场需求和行业应用正逐渐扩大，但虚拟现实产业能够快速发展，关键还需要 5G 网络的支持。5G 网络可以根据业务需求，匹配网络和计算资源，能够更好地满足虚拟现实技术的业务需求，推动虚拟现实技术的创新性应用。

因为，在虚拟现实技术中，语音识别、视线跟踪、手势感应等都需要低时延处理。而 5G 恰好具备超低时延这样的特点。因此，5G 在满足虚拟现实业务需求、推动虚拟现实商业落地方面，具有不可替代的作用。

3. 超高清视频的需求

超高清视频所具有的优点在于，能够为用户提供非常强的临场感和实物感，能够对现实场景进行十分逼真的还原。中国通信标准化歇会发布的《4K 视频传送需求研究报告》中明确指出："传输入门级 4K、运营级 4K、极致 4K 和 8K 的宽带需求、宽带要求最高的 8K 视频需要 135Mbps 的宽带，宽带要求最低的入门级 4K 需要 18 ～ 24Mbps 的带宽。"

然而，4G 网络无法完全满足网络流量、存储空间和回传时延等技术指标的要求。而 5G 网络却因为有良好的网络承载力，能够很好地解决这些方面的问题。如果将 5G 应用于 4K/8K 超高清视频领域，将出现更多全新的技术应用场景，如大型赛事、活动的直播；视频监控、商业性远程现场实时展示等领域，这些领域将会有更加广阔的市场前景。

4. 物联网的需求

在移动通信技术不断发展的过程中，3G、4G 技术的推动下，随时随地上网成为了可能，人类真正实现了远程互联，但这还远远没有实现世界的联结。如何能够做到物与物、人与物的联结？换句话说，如何利用手机 APP 在下班之前提前让电饭煲中的粥煮上？如何在忘记带钥匙的时候用手机打开家门？面对这些场景，5G 就可以帮助我们实现。

在万物互联的场景中，机器类通信、大规模通信、关键人任务通信等，对网络的速度、稳定性、延时性提出了更高的要求。如车联网、工业自动化、远程医疗等对 5G 有非常迫切的需求。

5. 云计算的需求

4G 时代，云计算的普及，为众多企业运营带来了便利，但对于广大民众来讲，他们接触云、使用云的机会并不多。5G 时代，网络性能得以大幅提升，与云计算相结合，能够将更多的云服务升级，直接影响到百姓的吃穿住行。届时，人们的生活将变得更加便捷、高效。

总之，由于各项业务对网络高速度、低时延、低功耗等的需求不断增加，5G 作为新一代移动通信技术，成为最具影响力和经济价值的网络，正迸发出无穷的力量，在各领域生根发芽。这也是 5G 诞生的必然性。

技术需求

4G 的出现，使得整个世界，在全新移动通信网络的支持下，得到了更好的发展。然而，随着世界的进一步发展，大数据、云计算、物联网等的来临，又对网络技术提出了新的要求，带来了新的挑战。人类急需一种更加强大的新型移动网络，满足数据传输、处理和运作，因此对移动通信技术提出了强烈的技术需求，包括用户体验速率、连接数密度、端到端延时、移动性、流量密度、用户峰值速率、能源效率。

5G 在这个时候诞生，虽然还处于初级研究和探索阶段，但对以下这些技术需求能够给予很好的满足。如图 1-7 所示：

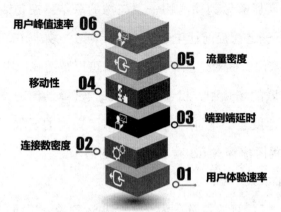

图 1-7 导致 5G 诞生的六大技术需求

1. 用户体验速率

5G 网络的特点就是高速度，将 5G 应用于以用户为中心的移动生态系统当中，最能给用户带来的感知就是用户体验速率高。用户体验速率是指单位时间内用户获得的数据传送量。5G 与 4G 相比，用户在任何时候、任何地方使用网络的速率都应当至少具备 1Gb/s。

2. 连接数密度

5G 时代，物联网领域对 5G 网络的需求进一步增大，并且对网络的要求极高，需要具备超千亿设备连接的能力。连接数密度是指在单位面积内可以支持的在线设备总和，这一指标是用来衡量 5G 移动网络对海量规模终端设备的支持能力，一般不低于 10 万／平方公里。

3. 端到端延时

端到端时延，包含两个方面，即 OTT 和 RTT。OTT 是指发送端到接收端数据传输的时间间隔；RTT 是指发送端到接收端数据从发送到确认的时间间隔。与 4G 时代相比，5G 时代，各种应用场景，包括车辆通信、工业控制、增强现实等，对延时性提出了更高的要求。5G 的时延是 4G 时代的 1/10，端到端的时延减少到了 5ms，空口时延减小到了 1ms。

4. 移动性

移动性，是以往任何一代移动通信技术所具备的性能指标，通过移动性使得通信双方能够在最大相对移动速度的情况下实现网络通信。飞机、高速公路、地铁等高速移动的场景中，未来需要移动速度更快的网络与之相匹配。5G 作为全新的第五代移动通信技术，在移动性方面更加优于 4G。在 5G 网络的支持下，各移动场景和领域将得到更加广阔的发展。

5. 流量密度

流量密度是指单位面积内的总流量数。该指标是用来衡量移动网络在移动区域内数据传输的能力。5G 时代需要在数据传输的过程中，支持每平方公里可以传输 10Tb/s 的流量。

6. 用户峰值速率

用户峰值速率，是指用户在最大业务时网络传输的速率。5G 时代与 4G 时代相比，用户峰值速率可以达到 10Gp/s。

经济发展需求

我国高度重视 5G 的发展和在各领域中的应用。在 2018 年，我国中央经济工作会议就提出："加快 5G 商用步伐，推动 5G 与各行业、各领域融合赋能，有力支撑实体经济高质量发展。"显然，5G 也是在经济发展的需求下诞生的。如图 1-8 所示：

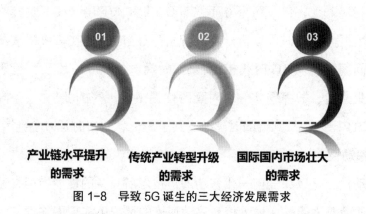

图 1-8　导致 5G 诞生的三大经济发展需求

主要表现在以下几方面：

1. 产业链水平提升的需求

当前，世界新一轮科技革命和产业变革潮流，使得传统经济面临挑战的同时，又迎来发展机遇。不少经济体都开始转变自己的思维理念，调整原本失衡的结构，重构竞争优势。在这个时候，以提升产业链水平为突破口，提升经济发展效益和国际竞争力，已经是一项必选项。

我国具有全球规模最大的移动通信市场，5G 商用将带来亿万级的产业规模，有利于推动核心技术攻关突破，带动上下游企业发展壮大，推动元器件、芯片、终端、系统设备等相关技术产业的进步升级，从而促进我国产业迈向全球价值链中高端。

2. 传统产业转型升级的需求

当前，随着移动互联网的普及，以及向工业互联网、车联网、物联网等的不断拓展，企业数字化转型已经成为一种趋势。然而，在转型的过程中，需要实现跨领域深度融合、资源优化配置、产业链和价值链的融会贯通、生产制造更加精益求精等，这些都需要一种更加优秀的网络来贯穿其中。5G 作为一种新兴移动通信技术网络，将成为数字化革命的关键"使能器"，为传统企业实现数字化转型赋能。

据国际咨询公司马基特预测："到 2035 年，5G 有望在全球各行业中创造 12.3 万亿美元的经济价值。"

3. 国际国内市场壮大的需求

当前，各种全新的业态和模式出现，如全息视频、浸入式游戏、智能家居、智慧医疗等，这些产品和服务，谁率先走向国际、国内市场，谁将率先占领国内外市场，并使之快速壮大。而 5G 的进一步商用，可以对这些新产品和服务提供很好的网络技术，能够推动这些产品和服务快速走进千家万户，推动信息消费市场的扩大和升级。

据中国信息通信研究院测算，2020 ～ 2025 年，我国 5G 商用带动的信息消费规模将超过 8 万亿元，直接带动经济总产出达 10.6 万亿元。

5G 的诞生，并不是偶然的，是业务需求、是技术需求、也是经济发展的需求，这三方面需求的推动下，使得 5G 注定成为移动通信领域的新一代技术，出现在大众视野中。

▶ 起底 5G 受人青睐的秘密

5G 虽然当前还处于探索和商用的初级阶段，但人们对 5G 的青睐程度却一路高涨，不但吸引巨额资本投注，而且吸引全球开抢，实现技术之霸权。因为无论投资者还是全球各国，都希望自己能够搭上 5G 这趟顺风车，给自己带来更多的赚钱机会和综合实力提升的机会。

带来破次元界限的临场极致体验

在以往，即便是网速已经达到 100Mb/s 的 4G 时代，人们在观看直播、玩游戏的时候，也会出现卡顿现象。这严重影响了用户的体验。

以观看直播为例，正当直播内容精彩的时刻，出现网络卡顿，用户就会因为这短暂的卡顿而错过了最精彩的一瞬间。当用户玩游戏兴趣正浓，且奋勇杀敌的最关键时刻，由于网络的卡顿，用户除了无奈之外，毫无他法。这样，就使得直播现场和游戏画面与用户之间存在一定的次元界限。

那么什么是次元界限呢？所谓"次元"就是指维度。不同维度界限，简单理解是就是网络传输的延时性、网络传输速度不够高，使得用户往往获得的画面，比实际直播或游戏移动画面要慢半拍，或者存在卡顿现象。奈何 4G 网络在某种程度上也存在一定的局限性，网络在速度上并不够高速，延时性不能得到有效把控。

5G 时代，这些问题都将迎刃而解。5G 具有高速度、低时延的特点，在这两大优势下，你可以躺在沙发上观看视频直播，在视频中，超现实的环境和极致的色彩，让你感受到非同寻常的细节和质感，仿佛空间穿越一般，畅想现场观看的视觉体验。因此，你可以同时拥有视觉和心灵的双重感受。

未来，5G 无线图传、5G 远程图传、5G 远程播放等，都将会成为高画质画面影视制作、游戏制作的重要发展方向。目前，5G 在这些领域中的应用，将是一次技术性变革，为人们带来破次元界限的临场极致体验，实现质的飞跃。

网络连接更安全、更便利

如今，在技术为人们带来便利生活的同时，安全问题也随之而来。5G 作为新的网络技术的到来，除了能够增强手机信号、加快网络传输速度之外，网络运营商还需要确保网络的安全性。

在以往 3G、4G 时代，尽管国家出台了大量相关法律法规，对用户隐私数据泄密等行为进行了打击，但仍然无法完全根治这样的"毒瘤"，用户隐私泄密依然是一个不容忽视的挑战。

5G 时代相比以往的 3G、4G 时代，给百姓带来便利的同时，在安全问题上也有了很好的把控。

5G 技术使得原来在 3G、4G 时代难以实现的场景变得可行，同时其低时延的特点，满足了那些低时延、高可靠场景方面的需求，比如车联网、远程实时医疗等对时延性极为敏感的应用。

举个简单的例子。5G 时代，你不再需要超大内存的手机，只要有一个普通的芯片和一块不错的屏幕即可，而你的所有照片、聊天记录等的备份，一切都在云端完成。你的游戏根本不需要下载，只要在线登陆就能随时随地畅玩儿……

　　当然，实现这一切是需要有身份认证的账号系统，通过人脸识别、声音识别……对你进行确认，才可以进行的。

　　有了 5G、云计算、芯片手机之后，你在出差时再也不需要背着沉重的电脑，只需要登录自己的手机账号，就可以像在公司一样调用所有的工作资料，因为所有的数据都通过 5G 在云端存储。你的手机不再需要软件管家、保护密码之类的软件。这样的云手机听起来十分梦幻，但它的主要任务就是将你的手机集中部署到客户云计算中心，实现云手机的统一管控，而数据却可以不需要落地，因此工作在云端完成。这样即便手机丢了，也不用为公司信息泄露而承担责任，因为里边根本没有任何有关的机密。因此，基于 5G 和云计算，可以有效保证数据的安全性。

　　可以说，未来 5G 的安全性得以保障，关键在于云端，因为所有数据都集中在云端时，云就好比是"大脑"，而网络就好比是"神经"一样，需要保护的就是"大脑"。正是因为有了 5G 网络的保护，才使得云端的数据能够更加安全，人们在云端进行移动化办公的时候才能收获更多的安全感和便利感。

让数字技术重塑现实世界

　　马化腾说："5G 网络就像一把钥匙，它能够帮助解锁原先难以数字化的现实场景，让数字技术以更小的颗粒度重塑现实世界。"马化腾的这句话，一语说中了 5G 存在的真正价值。

　　随着全球运营商、终端设备生产商、工业领域等争相部署 5G 网络，数字转型再次占据中心舞台，成为各领域企业所关注的焦点。75% 的行业高管认为，5G 将成为未来五年数字化转型的关键因素。5G 的出现，使得从人人互联到万物互联，从生活到生产，从物理世界再到数字世界，每一种变革都意味着前所未有的新机遇，带动着各类企业实现数字化转型。

1. 移动运营商

近几年，全球移动运营商都积极将数字化转型提上日程。尤其是进入 5G 时代，运营商的数字化转型之风更加盛行。其中美国的 AT&T、澳大利亚电信、法国电信、英国电信以及中国联通等，都成为数字化转型的先行者。

5G 作为一项移动通信技术，对本行业的影响更是十分明显。运营商在 5G 技术的驱动下，一方面积极推进 5G 技术的发展；另一方面加速进入数字化转型，实现自身业务与技术并驾齐驱。

2. 垂直行业

5G 时代，网络面向医疗、交通、视频、娱乐 / 媒体等领域，对各种电信的业务场景进行应用示范，推动 5G 技术在垂直行业数字化转型中的应用。如表 1-3 所示：

表 1-3　5G 技术在垂直行业数字化转型中的应用

行业	业务	场景
工业	5G 智慧工厂应用	柔性制造、VR 透明工厂、智能工具箱、机器人协同控制、机器人视觉质检、云化 MES、智能巡检、生产环境监测等
汽车	5G 智慧交通	车车通信 V2V（碰撞告警、车辆编队等）、车路协同 V2I（交通信息广播、信号灯预警等）、行人告警 V2P、车载娱乐 V2N（高清视频、地图导航）
家居	5G 智慧家居	智能住宅安防系统、智能照明控制系统、智能电器控制系统、智能窗帘控制系统、智能家庭影院与多媒体系统、智能环境控制系统
医疗	5G 移动远程医疗应用	移动医疗车、远程会诊、应急救援、远程机器人超声、远程机器人查房等
城市	5G 智慧城市应用	城市管理、基础设施共享等
社区	5G 智慧社区应用	社区的态势感知、预警感知、消防感知、地磁感知、烟感感知、智能终端实现监控路灯、水位、烟雾报警等

续表

行业	业务	场景
物流	5G 智能物流应用	自动驾驶、自动分拣、自动巡检、人机交互的整体调度及管理等
娱乐 /媒体	5G 智能娱乐 / 媒体应用	5G+4K 直播、5G+VR 直播，使得音乐、动漫、影视、游戏、演艺等传统业态具有可视化、交互性、沉浸式特点
社交	5G 智能社交应用	全息通话、社交视频、移动实时视频等
新零售	5G 智能新零售应用	帮助门店人员进行设备定位、运行状态分析、用户使用习惯分析等
安防	5G 民生服务和社会治理应用	平安综合管理、环保卫生监测等
教育	5G 智慧园区应用	远程互动、全息影像、虚拟创新教学、智能识别等
农业	5G 智慧农业应用	智能种地、智慧农场
能源	5G 智能电网应用	配电三遥（遥信、遥测、遥控）、精准负控（用电负荷需求侧响应）、高级计量、机器人巡检、应急通信等

（1）工业领域

工业领域的发展经历了四次工业革命，每一次变革，都使得工业领域的发展更上一个台阶。在第四次工业革命（工业 4.0）到来之际，智能化、数字化生产，成为了工业领域的重要特色。因此，传统工业制造向数字化、智能化制造的转型成为工业领域升级的一个重要方向。在工业 4.0 时代，无论是生产资料数据的采集、分析，还是智能生产线、数字车间、抑或是进行市场细分，都离不开数字化。

随着 5G 时代的到来，5G 所具有的超大宽带、高速度、低时延、高可靠、密连接、广覆盖等特点，将显著提升数字产业的运营效率，也为工业数字化转型带来新的历史机遇。

（2）汽车

5G 移动通信技术融入交通领域，对正处于数字化转型的汽车行业将会产生不可估量的影响。因为，不论是自动驾驶，还是车载互联网，包括车车通信 V2V、车路协同 V2I、行人告警 V2P、车载娱乐 V2N 等，都是以数据为基础的业务，这些业务将会在 5G 网络的推动下进入一个全新的发展阶段。

（3）家居

传统家居只是一些冷冰冰的物体，不具备任何"智慧"。如今，在 5G 的赋能下，智能家居取代了传统家居，成为最"聪明"的家居进入人们的生活。而这些智能家居主要依靠的是互联网进行数据连接，智能终端在采集数据后，对所采集的数据进行理解、推力并采取行动，将有序的数据处理交给终端，这样就使得海量终端家居设备拥有智能属性。这就是家居领域在 5G 的驱动下实现的数字化转型。

（4）医疗

在 5G 时代，医疗领域也得到了前所未有的发展。智慧医疗是医疗领域未来一段时间里最先进的医疗水平。应用 5G 技术，可以为医疗行业提供大量数据医学影像的传输、低时延和高可靠性的网络保障、移动化的网络覆盖能力、海量医疗设备连接，以及高效的本地化计算能力等。基于这些，可以实现移动医疗车、远程会诊、应急救援等，这些都意味着，医疗领域在 5G 网络的推动下，正逐步向数字化医疗转型。

（5）城市

智慧城市是多年前就提出来的城市规划方针。如今，5G 的发展渐入佳境，智慧城市也逐步迎来更快的发展。

5G 对整个社会的变革，就是利用 5G+ 大数据、云计算、物联网、人工智能等驱动社会治理更加现代化，给城市管理赋予"智慧"。在整个智慧城市的建设过程中，离不开大数据技术的应用。所以，5G 时代，智慧城市的构建，实际上是城市传统管理模式向数字化管理模式进行转型。

（6）社区

当前，各垂直行业的数字化转型正当其时，社区发展和管理的过程中融入 5G 技术，将为社区带来全新的发展模式。届时，社区的末端配送、机器人自动驾驶、摄像头监控等，驿站工作人员可根据监测数据做好及时应对。这种模式较以往的社区管理模式，在数字化应用方面十分显著，使得社区向智慧社区的转变，实现了数字化转型。

（7）物流

在物流领域，5G 与大数据、云计算、物联网等技术相融合，产生或优化大量通用物流功能，这彻底颠覆了传统物流，使得物流行业向着智慧物流转型升级。智慧物流，即在基础设施层面实现智能化，包括无人车、无人机、无人仓、智能园区等基础设施的全环节打通，实现数据层全互联，将物流数据融入城市大数据体系当中，从而实现数字化转型。

（8）娱乐/媒体

5G 时代，数字娱乐、数字媒体为大众消费带来了一次革命性变革。在 5G 网络技术的推动下，5G+VR（虚拟现实技术）/AR（增强现实技术）+ 云端 + 智能头显硬件之间的联系密切，使得数字户外媒体、游戏内容无端化，都将成为主流，新型数字娱乐产品将成为变革前沿。

（9）社交

5G 和 AI、VR 的诞生并融合，使得人与人之间的沟通变得更加便捷化。全息通话、实时视频通话，使得远在千里之外的人也能够通过全新的社交、沟通设备进行交流，一切变得仿佛就在眼前。网络化、数字化社交引爆了传统社交与互动方式，正在以一种全新的方式取代传统社交模式。

（10）新零售

新零售是当前最新的零售业态。在当前新零售的背景下，推进 5G 技术的应用，将助推零售行业的数字化变革。这一数字化变革，主要体现在新零售体系的"人、货、场"的重构："人"在网络空间产生了数字孪生体，智能终端已经成为了人的第二个意识体；"货"也顺着类似的思路进行演进，逐渐拓展为数字化服务；"场"变得更加丰富，海量数据连接，使得一切无人货柜、自动售卖机、共享设备等都成为了"场"，且无处不在。

（11）安防

借助人工智能、大数据分析、5G 网络技术，智能安防系统摆脱了以往对人力的过度依赖，逐渐向数字化方向转变。

传统安防行业一直受制于低带宽、低速率网络的影响，使得安防工作没有得到切实保障。5G 网络具备高速度、泛在网、低时延的特点。将 5G 网络技术应用于安防建设中，恰好能够满足智能安防发展的所有需求。随着海量视频监控数据的不断产生，将为智能安防云端决策中心提供更周全、更多维度的参考数据，有利于做出更加有效的安全防范措施。

（12）教育

4G 时代催生了直播和短视频，5G 时代直播和短视频将得到长足发展。尤其直播和短视频将会以更清晰、更具专业性的视频播放在教育领域呈现，另外，网络课程也会成为教育领域数字化转型的重要载体。

（13）农业

农业作为一个从远古时代就已经诞生的传统行业，在 5G 时代，搭载 5G 网络技术，实现环境数据、气象数据等的自动采集等，这些都体现的是传统农业的数字化应用。

（14）能源

5G 技术应用的领域不断扩大，也将对能源领域产生深刻的影响。可再生能源、电动汽车、电网通信、智能电网等，将成为 5G 在能源行业的重点应用场景，并助力能源行业实现数字化、智能化升级。

5G 作为全面构筑社会实现数字化转型的关键基础设施，通过通信、计算与垂直行业深度融合，给垂直行业带来的将是一次影响深远的智能化数字经济革命。不同行业与 5G 技术的连接，能够使整个社会的数字转型为重塑现实世界服务。

实现万物互联

如果说 1G 开启了语音时代，2G 开启了文本的时代，3G 开启了图片的时代，4G 开启了视频的时代，那么 5G 将开启万物互联的时代。

在 5G 时代，智能手机可以作为一辆车的钥匙，一台空调的遥控器……通过网络传输，手机能实现智能物联。显然，5G 时代的来临，使得人类社会进入一个新的人机交互时代。在过去互联网是键盘 + 鼠标，现在的移动互联网是手机 + 触屏。在 5G 时代，各种应用场景、在加上云端技术，使得人们能够进入一个万物互联的智能社会。

其实，5G 本身就是为万物互联而生的。5G 网络实现每平方公里至少承载 100 万台终端设备。遍布各个角落的 5G 基站，将最大限度地满足海量用户的通信需求，能保障数以亿计的设备安全接入网络。即便在最遥远、最偏僻的地方，也能够有网络覆盖。简言之，5G 将实现随时随地的万物接入。如果说 1G 到 4G 是计算机网络互联形成的全球系统，解决的是人与人之间的通信，那么 5G 所掌握的物联网网络，则是将计算机、人与各种物体的网络互联起来的全球系统，解决的是人与物、物与物之间的通信。因此，5G 可以实现真正的"万物联结"。

⏵ 你不知道的 5G 背后必不可少的技术基础

　　未来已来，当前，5G 已经成为一项重要的基础设施，对全球经济的发展带来巨大的影响和变革。因此，5G 不仅是技术的升级换代，还决定这我们未来 10 年的生活、工作。5G 网络技术如此重要，但很少有人知道 5G 背后必不可少的技术基础。

高频段传输

5G 与 4G 相比，采用了新的频谱，即毫米波频段。

1G 到 4G 阶段，移动通信网络技术的工作频段主要集中在 3GHz 以下，这使得频谱资源非常拥挤。而 5G 采用的是高频段（如毫米波），目前实验用频率多为 28GHz，可用频谱资源丰富，能够有效缓解频谱资源紧张的现状，可以进行极高速、短距离通信。

　　在通信领域，有这样一个公式：c（速度）$=\lambda$（波长）$\times v$（频率），即可用电波频率越多，传输速度也就越高。5G 的电波频率范围虽然宽了，但电波的频率和波长成反比。因此，5G 的关键就是使用超高频电波，这就需要建立比 4G 时代数量更多的基站。

　　这里打个比方来解释。当前，通信应用的频谱频率越来越高，就好像是路越修越宽，理论上讲，在上面的车就可以越跑越快，但实际情况好像不是这样。比如，只比四环多一环的北京五环，路已经非常宽了，但每天早高峰的场景依旧没有改变。因为，一方面，车辆太多；另一方面，大家在早高峰的时间段都在抢时间，使得道路通行情况凌乱无序，所以导致拥堵。

由此可见，单一地将路面拓宽，并不能给交通带来良好的出行效率，而且受诸多客观因素和条件的限制，拓宽路面也不是一蹴而就的事情。所以，要想解决拥堵问题，最好的办法就是提升道路的利用率。

频谱资源也是一样，可用的十分有限的。使用手机等终端设备的人越来越多，运营商只能在一段频谱的跨度内（即带宽）让所有用户都能同时使用。所以，5G 无线通信要想提升一个频谱跨度的用户利用率，提升用户的无线通信速度，就需要在波长上做文章。

不同的波长，其通信方面的用途也不尽相同。如表 1-4 所示：

表 1-4　不同波长的频率及用途

不同波长的频率及用途					
名称	符号	频率	波段	波长	用途
甚低频	VLF	3~30KHz	超长波	1000K~100Km	海岸潜艇通信、远距离通信
低频	LF	30~300KHz	长波	10K~1Km	中距离通信、地下岩层通信
中频	MF	0.3~3MHz	中波	1K~100m	船用通信、移动通信
高频	HF	3~30MHz	短波	100~10m	国际定点通信、移动通信
甚高频	VHF	30~300MHz	米波	10~1m	对空间飞行体通信、移动通信
特高频	UHF	0.3~3GHz	分米波	1~0.1m	对流层散射通信、移动通信
超高频	SHF	3~30GHz	厘米波	10~1cm	卫星通信、数字通信
极高频	EHF	30~300GHz	毫米波	10~1mm	再入大气层时的通信、波导通信

一直以来，我们使用的都是上表 1-4 中用途栏中有"移动通

信""数字通信"字样的中频至超高频进行手机通信的。

毫米波作为极高频，其波长为 1 ~ 10mm，是波长最短的波，其频率在 300G ~ 30GHZ，却是频率最高的。频率越高，其带宽就越大，速度就越快。5G 要想达到高速度，就必须通过波长最短、频率最高的毫米波来实现。所以，5G 的关键技术之一就是高频段传输。

新型多天线传输

随着移动通信技术的发展，与之相匹配的手机，从外观上不但变得轻薄、易于携带，而且与大哥大相比，天线也逐渐缩短，直至消失。那么天线真的是像我们看到的那样真的消失了吗？其实不然，眼见不一定为实。

这并不是意味着随着手机越来越智能化就不需要天线，天线就"消失"了，而是天线越变越小，隐藏在了手机里边。

这里我们可以用一个简单知识来解释：

天线的长度与波长成正比，在 1/10~1/4。

公式为：天线长度 = 波长 ×1/10~ 波长 ×1/4。

5G 时代，采用的是高频段（毫米波）传输技术，由于毫米波波长极短，所以天线的长度也变得越来越短，变为毫米级。这就意味着，天线完全可以塞进手机的里面，甚至可以塞很多根，即采用新型多天线传输技术来实现。

多天线技术经历了从无源到有源，从二维到三维，从高阶 MIMO❶ 到大规模列阵的发展，这将使得频谱效率提升数十倍甚至更高。

因为引入了有源天线列阵，基站可支持的协作天线数量能够达到

---

❶ MIMO 技术，即在发射端和接收端分别使用多个发射天线和接收天线，使信号通过发射端与接收端的多个天线传送和接收，从而改善通信质量。

128 根。另外，原来二维天线列阵拓展为三维天线列阵之后，形成了新的三维 MIMO 技术，可以支持多用户同时使用 5G 通信网络，减少用户之间的干扰，这将进一步改善 5G 网络信号覆盖的性能。

设备到设备通信

5G 的商用，自然少不了设备与设备之间的互联互通，这些设备可以是手机，也可以是汽车、家居设备、路边基础设施等。这就是设备到设备的通信（D2D），即用户设备在有或者没有接入基站等网络基础设施的情况下进行相互通信的技术。

这一技术开创了以设备为中心的全新通信方式，通常不需要与网络基础设施相连接，而是直接进行通信。简单来讲，就是在 5G 时代下，基于设备到设备通信技术，在同一基站下的两个用户，如果相互进行通信，他们的数据将不再通过基站转发，而是直接从手机到手机传输。如图 1-9 所示：

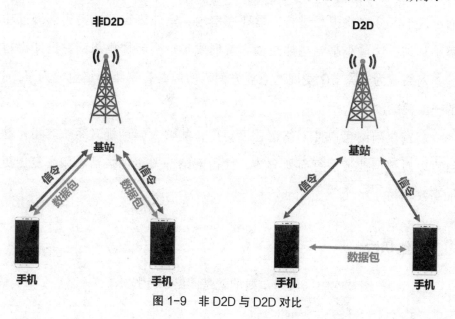

图 1-9　非 D2D 与 D2D 对比

在这一技术的基础上，就可以使得 5G 在应用过程中节约了大量的空中资源，也减轻了 5G 基站的压力。

超密集网络

通信网络分为有线通信和无线通信两大类型。如今，无线通信网络作为通信网络的一部分，正朝着网络多元化、宽带化、综合化、智能化的方向不断发展。随着各种智能终端设备的不断普及，数据流量将以井喷的方式增长。在未来，数据业务将成为热点业务。

为了很好地解决未来移动网络数据流量猛增，以及用户体验速率提升 10 ~ 100 倍的需求，除了增加频谱带宽和使用先进的无线传输技术来提高频谱利用率，提升无线系统容量最为有效的方法就是通过加密小区网络部署，提升空间复用度。传统无线通信系统通常采用的是小区分裂的方法来减小网络覆盖小区的半径，然而，随着小区覆盖范围的进一步缩小，小区分裂将很难进行，需要在室内、室外热点区域密集部署低功率小基站，这些小基站越建越多，就形成了一个超密集组网。这使得超密集网络成为未来 5G 发展的重要方面。所以，超密集网络也成为了 5G 的一项关键技术。

超密集网络可以使网络覆盖面更广，能够大幅度提升系统容量，并且可以对数据业务进行有效分流，使得网络部署更加灵活、频率复用更加高效。

网络切片

在 5G 关键技术中，最为重要的就是网络切片技术。

那么切片到底将什么切成了片？具体如何来理解呢？

从运维管理角度来看，我们可以将移动网络想象为一个庞大的交通系统，用户可以看作是车辆，而网络可以看作是道路。随着车辆的不断增加，城市道路会变得越来越拥堵。为了缓解这个状况，交通部门会根据车辆和运营方式的不同进行分流管理，移动网络也需要这样的专有通道进行分类管理。

从业务应用角度来看，2G、3G、4G 网络技术的应用，只在一定程度上满足了人们电话或上网的业务需求。在未来数据爆炸式增长的时代，新的业务量会增加很多，由此带来更多的业务需求，而传统网络就像是混凝土盖的房子一样，一旦建成之后，后续进行拆改难度会大很多。所以需要重新构建一种网络系统来满足这些越来越丰富、越来越复杂的业务需求，并且还能分类管理，灵活部署。于是，网络切片应运而生了。

网络切片是根据不同业务对用户数、带宽的要求，将物理网络切割成多张相互独立的端到端网络，而且各个切片之间相互绝缘，彼此之间不会互相干扰。

如果我们将 4G 网络比作是一把刀，那么 5G 网络就可以看作是一把更加锋利的"瑞士军刀"。因为 5G 使用了网络切片技术，可以切出了多张虚拟的端到端网络，可以让业务变得更加灵活。因此，安全性、完整性、灵活性是网络切片的特点。

非正交多址接入技术

从 1G 到 4G，以正交多址接入技术（OMA）为基础，其数据业务的传输速率达到了 100Mb/s，甚至更高，能够较大程度满足一段时期内宽带移动通信应用的需求。但是其限制了无线通信资源的自由度。

  然而，随着智能终端设备的不断普及，移动新业务不断增加，4G 的无线通信传输速率将难以为继。非正交多址接入技术（NOMA）的应用成为必然，更成为 5G 的一个热门关键技术。

  因为，正交多址技术（OMA）中，只能为一个用户分配单一的无线资源。例如，按频率分割或按时间分割，而 NOMA 方式可将一个资源分配给多个用户。这样，NOMA 与 OMA 相比，具有更高的资源分配能力，从而在不影响用户体验的前提下增加了网络的吞吐量，使得 5G 得益于 NOMA，能够实现海量连接，满足了高频谱效率的需求。

⏵ 5G 应用场景知多少

　　任何一项技术，都是为了最终实现应用而生的，否则这项技术的研发将没有任何意义和价值。5G 作为更高一级的移动通信技术，更需要有一定的应用场景，才能使其"大展身手"。

　　5G 有三大应用场景，分别是强移动宽带场景（eMBB）、大规模物联网场景（mMTC）、低延时高可靠通信场景（uRLLC）。如图 1-10 所示：

图 1-10　5G 三大应用场景

强移动宽带场景

　　增强移动宽带，就是在现有移动宽带业务场景的基础上，提升数据传输速率，以更好地提升用户体验。这一应用是以人为中心的应用场景，因此更加贴近我们的日常生活。

　　强移动宽带可以将网络覆盖范围扩展到更大范围的建筑应用场景中，如办公楼、工业园等。同时，强移动宽带可以有效提升用户容量，满足多终端、大量数据传输带需求。在 5G 时代，强移动宽带具有更大的吞吐量、低延时以及更极致的体验等优点，可以应用于 3D 超高清视频、高要求的赛场环境、宽带光纤用户以及虚拟现实领域。因此，在 5G 峰值速度达到 10Gbps 的情况下，我们可以轻松看在线 4K/8K 视频和 AR/VR，画质差、卡顿等现象将不复存在。并且，以前，这些业务大多数只能借助固定宽带网络才能得以实现，5G 时代，这些业务逐渐具有了移动特性。

5G 的速率达到 Gbite 级接入速率，已经超越了互联网的接入，这样的速率可以使终端用户的体验发生了质的变化，从而进入了一个"无限网络容量"的体验时代。

比如，在 4G 时代，即使最先进的 LTE 调制解调器，最快速率也只能达到千兆比特 / 秒的级别，但往往一个小区的用户数量众多，对宽带的需求达到了千兆级。而且随着用户业务量的不断增加，未来对宽带的需求还会进一步增加，这样现有的 4G 网络就难以满足今后超大流量的需求。

因此，强移动宽带在网络速率上的提升，为用户带来了更好的使用体验，满足了人们对超大流量、高速传输的极致需求。

大规模物联网场景

5G 时代，最具突破性的进展，就是实现了从个人走向行业。5G 的出现，是移动通信技术的革新，也是人类社会不断向前发展的呼唤。

物联网是利用局部网络或互联网等通信技术，将传感器、控制器、机器、人、物等通过新的方式联系在一起，形成人与物、物与物的链接，实现信息化、远程管理控制和智能化的网络。

据全球知名咨询公司 IDG 预测："2020 年，全球物联网设备量将达到 281 亿，全球物联网市场规模将达到 1.7 万亿美元。"可见，物联网市场规模巨大。而超大规模物联网又恰好是 5G 的最大应用场景。

　　未来，物联网领域的服务对象将进一步扩大，落实到各行业的用户。从用户需求层次来看，物联网首先满足的是对物品的识别以及信息读取的需求；其次是通过物联网实现信息的传输和共享；再次是联网物体的不断增长，由此带来的系统管理和数据分析；最后是改变企业商业模式和人类生活模式，实现万物互联。5G 将凭借其优势，为人类开启一个万物互联的时代。

　　5G 应用于大规模物联网场景当中，一方面，可以使得规模经济得以显著提升，更能促进大规模物联网应用的落地；另一方面，5G 具有低功耗的特点，因此能够更好地满足低功耗的需求，在海量物联网应用落地的过程中能够显著降低成本。并且，这些低功耗大连接场景，主要是面向智慧城市、环境监测、智能农业、深林防火等以传感和数据采集为目标的应用场景。这些场景中，终端分布广泛、数量众多，不仅要求网络具备超千亿连接的能力，还要保证终端的超低功耗和超低成本。可以说，5G 网络技术应用，其中必不可少的是对物联网的改造。

低延时高可靠通信场景

　　5G 本身具有高可靠性、低延时的特点，因此，5G 的应用场景也应当是那些低延时、高可靠通信场景。在此场景下，连接时延要达到 1ms 级别，而且要支持高速移动（500Km/h）情况下的高可靠性（99.999%）连接。

　　这类场景包括三个类别：

　　第一种是能节省时间、提高效率、节约能源，如远程培训、远程手术等。

第二种是能够让人们远离危险，实现安全运营，如远程制造、工业应用和控制等。

第三种是能够让生活变得更加丰富多彩，如智能家居、智慧城市等。

5G 应用于这些场景中，可以提升各场景的低时延和高可靠的信息交互能力，支持互联实体间高度实时、高度精密和高度安全的业务协作。

据第三方网络测试机构 Open Signal 给出的研究数据表明："目前，不同网络的端到端时延，基本上都在 100ms 量级。"这个延时并不能给我们带来十分明显的感知。因为网络主要是服务于人，而人类对延时的反应并不强烈。

以无人驾驶为例。在无人驾驶这样的低延时、高可靠通信场景下，100ms 对于安全行驶来讲却具有很大的影响。或许 100ms 和 1ms 之间的延迟，对于我们来讲不会有十分明显的感知，也对我们不会有任何影响，我们在玩游戏的时候也难以分辨出两种时延的区别。但是，对于无人驾驶来讲，却十分重要。可谓"失之毫厘，谬以千里"，小小的失误，可能造成严重的安全事故。

总而言之，5G 应用于低延时、高可靠通信场景，能够让人们的生活变得更加高效、安全，让人们获得更加丰富、精彩的体验。

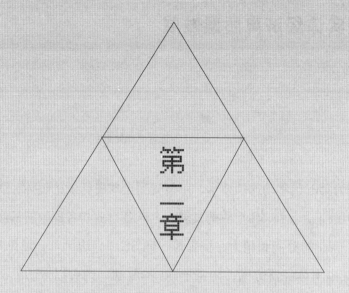

第二章

5G 能给我们带来什么

　　5G 时代以来，它站在移动通信技术的最前沿。但作为大众的我们，最为关心的就是 5G 究竟能给我们带来什么？5G 在提升通信速率，加强通信效率，提升通信稳定性的同时，它给我们带来的想象空间巨大：可能让全球产生一场史无前例的生产和生活方式的变革，对人类经济产生多方面、深层次的影响。

▶ 赋能实体经济高质量发展

5G 作为第五代移动通信技术，不但受到全球各行业的追捧，就连各国政府也频出政策，支持 5G 产业的发展。全球各行业和各国政府都像以往一样将投注于 4G 的时间和精力、资金等，向 5G "一边倒"，足见 5G 潜力巨大。尤其是实体经济方面，得益于 5G 的驱动，则可以带动经济形成性的生产方式和业务模式，培养出新的经济增长点，获得高质量的发展。

5G 溢出效应十分显著，每投入 1 个单位，将带动 6 个单位的经济产出，可以说是经济领域的"聚宝盆"。

就当前各行业的发展现状，以及 5G 给各行业带来的影响程度来看，从 5G 获得经济产出最多的三大行业分别是：制造业、零售批发业、公共服务业。据全球商业资讯服务公司 IHS Market 预测："2035 年，这三个行业因 5G 带来的产出分别是：3.4 亿美元，占全球 5G 产出的 27.6%；1.3 亿美元，占全球 5G 产出的 10.5%；1.07 亿美元，占全球 5G 产出的 8.67%。"

这些数目庞大的产出，证明 5G 给全球实体经济带来的影响是显而易见的。

扩大内需，释放消费

全球有几十亿人口，消费潜力巨大到让人吃惊。然而，当前 4G 网络在网速上、网络覆盖、延时性、功耗等方面具有一定的局限性，使得各行业无法大展拳脚，无法加速发展，更无法带动经济效益的大幅提升。

5G 具有高速度、强覆盖、低延时、低功耗的特点，这是以往任何一个时代的移动通信技术所无法比拟的。5G 更是拉动性投资、扩大内需、释放消费，带来经济增长的新引擎。

一方面，围绕 5G 智能手机的发展，带来更多的市场消费潜力。

5G 的超高速、超大连接、超低时延三个特性，将推动与移动通信产业有关的信息产品和服务能够得到不断创新。尤其是 5G 即将进入商用阶段，更掀起了新一轮换机热潮。

据市场调研公司 Counterpoint Research 报告显示："2021 年全球 5G 智能手机出货量将达到 1.1 亿部，较 2020 年增长 255%。"

在此之前，包括中国在内的主要市场，与 4G 网络相关的智能手机的渗透率已经逼近饱和状态。而 5G 催动的换机热潮，则使得上游的电子元器件生产商、中游的网络设备商和终端应用设备商、下游的销售商，以及与 5G 手机相关联的其他行业，如超高清视频、游戏、购物等，都被注入新的血液。在这种情况下，整个产业链因为 5G 智能手机的出现而重新被激活。消费者接触到的与生活息息相关的信息应用，生活也将变得更加丰富化和高科技化。这又反过来驱动各生产商增强与信息消费有关的供给，有效刺激了信息消费的增长和进一步升级。5G 将对终端产品带来一波万亿级别的消费释放。

据中国信通院预测："2020 年至 2025 年，5G 商用将直接带动信息消费 8.2 万亿元，其中智能手机、可穿戴设备等终端产品的升级换代将释放 4.3 万亿信息消费空间。"

从长远角度来看，5G 还能够带来新的有效的消费热点，如自动驾驶、智能家居等，以往对寻常百姓来讲还十分遥远的高科技应用，也将逐渐走进大众生活，成为新的消费蓝海。这又进一步吸引更多的科技巨头进入这些领域，进行更多信息产品和服务的研发和创新。

另一方面，5G 与垂直行业不断融合和渗透，带来新的消费。

5G 与各垂直行业不断融合和渗透，使得交通、医疗、教育、农业等领域产生新的运用模式、新业态、新应用。这些将会给用户带来前所未有的信息产品和信息消费体验，拉动"5G+ 互联网"新消费。

激活新的经济增长点

2018 年，5G 开始进入规模试验阶段；2019 年，5G 开始实现预商用；2020 年，5G 实现全球大规模商用。5G 真正进入商用阶段之后，将会充当战略性新兴产业的角色，在提振经济、激活新的经济增长点方面，发挥重要作用。

按照最新的分类标准，战略性新兴产业被划分为九大领域：新一代信息技术产业、高端装备制造产业、新材料产业、生物产业、新能源汽车产业、新能源产业、节能环保产业、数字创意产业和相关服务业。如图 2-1 所示：

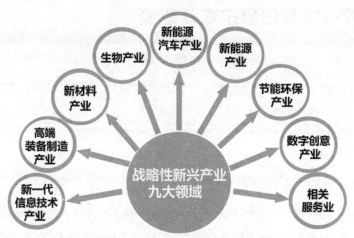

图 2-1　战略性新兴产业九大领域

　　5G 作为一项移动通信技术，属于新一代信息技术产业，对全球经济社会全局和长远发展有重大推动作用。其关键技术密集、能源消耗少、商用潜力巨大、给各领域带来的综合效益好，这样的产业是天然的经济新动能。

　　从运营商方面来看，5G 商用初期，运营商大规模开展网络建设，由此从设备制造商获得的收入，将成为 5G 直接经济产出的主要来源；在5G 商用中期，运营商从 5G 网络用户和终端设备所获得的收入将持续增长；在 5G 商用后期，互联网企业和与 5G 相关的信息服务收入增长十分显著，成为运营商新的经济增长点。

　　从垂直行业来看，在 5G 的影响下，新一轮科技和产业革命正在由导入期转向拓展期，大量新技术（如自动驾驶）、新产业（AR/VR 游戏）、新业态（智慧零售、智慧医疗、智慧家居、智能农业等）、新模式（在线远程教育、5G 直播手术等）不断涌现，新的经济增长点也正在逐渐孕育和发展起来。

▶ 生活方式变化带来直观感受

任何社会的生活方式的变革，都会因为生活资源、生活要素的改变而发生变化。随着 5G 网络逐渐普及和进入商用阶段，其必将成为新一代网络生活方式的载体而使得人们赖以生活的网络资源发生了变化，由此必然使我们的生活也随之发生改变。

5G 商用的脚步离我们越来越近，人们想象中的 5G 生活又近了一大步。当 5G 真正走进我们的生活，那么将会给我们带来与以往有所不同的生活方式，进而产生不同的生活体验。

生活方式是描述人们如何生活的一个概念，网络生活方式是人们在网络时间、空间中如何利用网络资源在某种价值观的指导下进行生活安排的活动方式。5G 时代的生活方式，是以 5G 移动网络通信资源和服务为生活载体，以相应的社会生活观念、行为方式为指导的现代生活方式。

具体来讲，5G 时代生活方式的变化主要体现在以下三个方面：

极大地改进人类生活活动条件

人类历史发展中，每经历一个时代，就会有一定的生活方式被全新的生产方式所取代。移动互联网时代，生活方式的本质是被网络社会所有现实和虚拟的综合生产方式所决定。简单来讲，就是网络生活活动是在于云端环境、虚拟社区等条件下实现的。

为什么这么说呢？因为：

一方面，以往，人的信息都存储在本地电脑中，但有时候会因为某些原因而造成文件丢失或被盗。5G 时代，人们生活中的很多数据都是在云端存储，很多运算都是在云端完成的，因此免去了要不断升级设备的麻烦，而且还省去了 U 盘、移动硬盘等常见办公设备的购置。5G 网络的应用，使得"云电脑"能够像本地电脑一样快速，而且还不用担心文件的安全问题。因此，云端环境成为了 5G 时代人类生活活动得以开展的必要条件。

另一方面，5G 网络技术的普及和商用推进，使得虚拟现实内容进一步丰富，使得虚拟社区体验逐渐增强。虚拟社区就是基于计算机网络，人们在虚拟世界聚会的一个场所。换句话说，虚拟社区就是一群人在网上围绕一个大家共同感兴趣的话题进行相互交流、分享、关怀的群体。5G 网络条件下，虚拟社区内部成员之间的沟通与交流，因为 5G 低时延的特点，将变得更加流畅。

将重塑人类生活观念

我们的生活经历了从 2G 到 4G，这一路走来，发生了诸多变化，但变化最大的、最明显的就是网络速度的提升。

如今，随着移动通信技术的不断迭代，生活在网络遍布各个角落的 5G 时代，人们的信息质量得以提升、接收信息的速度也提升很多，新的生活观念也开始因此而逐步形成。生活在网络社会主体，可以是个体，也可以是群体，其生活观念往往会因为 5G 网络的速度快而产生影响。由此，一种快节奏生活理念油然而生，而且人们在有意识或无意识的时候发生行为的改变。因为，只有自己的生活节奏变得更加快速，才能与网络速度十分快速的 5G 时代相适应。否则，将会被这个快时代所淘汰。

因此，在 5G 高速度的基础上，各种公司远程会议、游戏、视频、购物都将变得高效化，为人们极大地节约了时间的同时，还在数据完整性、可靠性方面得到了保障。

使人类生活方式多元化

5G 时代，人们的生活方式也将发生显著变化，与以往的 1G 到 4G 时代不同，5G 时代的生活方式和风格，总体特质应当是普遍智能化、物联化、多元化。

5G 网络时代，人们的生活风格多样化和多元化，主要体现在人们的日常消费、休闲、娱乐、出行、家居、医疗、工作、市政和管理等各类智慧生活活动中，也可以体现在未来物联网技术功能的发挥上，其生活风格是快捷的、简约的、时尚的、精准的，也可以是严肃的、实用的、复杂的。

以短信通信为例。传统短信只能通过文字或图片的形式传输给接收者。如今，QQ、微信的出现，成为了主流信息传输方式。但人们在沟通的时候，根据不同的场景，换着使用电话、短信，以及微信等。这样，人们在生活中的沟通方式就呈现出多元化的特点。

在 5G 时代，智能手机最重要的功能，将会从收发消息逐渐发生巨大的改变，而"快"肯定不是唯一的特点。5G 手机的出现，RCS 可能是 5G 手机的一个标配。换句话说，5G 手机的通信标准，其中一个就是 RCS。

RCS 将是下一代替代短信的产品，全称为融合通信，是指通信技术和信息技术的融合。通信技术类业务是指传统电信网络的各类业务，包括电话业务、短信业务、会议电话、呼叫中心等；信息技术业务是指 IP 类的各种业务，如即时通信、视频和应用共享（包括视频监控、信息共享）、下载业务、互联网业务（如电子邮件、语音邮件）等。

RCS 是在 2008 年由全球移动通信系统协会提出的，具有基于全 IP 网络的即时通信功能，能够帮助运营商丰富现有通信方式，给用户带来更加多元化的通信体验。

RCS 能够使普通用户在智能手机短信应用功能中，发送图片、音乐、文字和共享位置等丰富内容。这样看来，似乎与微信功能大同小异，但 RCS 功能还并不限于此。除此以外，RCS 还具有通信协议的包容性，用户可以在 RCS 界面内实现搜索（如快递信息查询、地图查询）、交互（如订票、订酒店客服等）、购物、支付等功能。这是传统短信和微信不可同日而语的地方。

可以说，RCS 融合通信基础，不但提高了短信的服务功能，而且还扩大了人们的社交网络，从而打造了一个围绕短信息构建的智慧生态系统，也为更多的消费者提供了一种更加多元化的生活方式。

5G 时代，为我们的生活带来的多元化，通信和社交的多元化只是冰山一角。未来，随着 5G 商用的规模化，与我们生活有关的休闲、娱乐、出行、家居、医疗、工作、市政和管理等，都将呈现多元化，让我们拭目以待。

⏵ 改变人类社会发展进程

任何时代，信息技术都是人类发展的重要力量。移动通信技术发展至今，经历了从第一代移动通信到第五代移动通信，每一代都凝聚了人类的智慧和技术结晶，更代表的是一个时代的科技水平。

2019 年，可以说是 5G 商用元年，在这一年里，越来越多的 5G 终端不断涌现，更丰富的应用也随之而来。总之，5G 的出现，将改变整个人类社会发展的进程。

自动驾驶、远程手术迎来发展黄金期

2019 年，5G 在全球范围内不断加快推进步伐，尤其在全球通信运营商和科技组织的共同推动下，使得全球 5G 技术的研发和各垂直领域的融合，将给各细分领域带来井喷式发展。与我们生活更加贴近的衣、食、住、行、健康中，出行和医疗两大行业，则给在 5G 技术基础上发展的自动驾驶、远程手术迎来了黄金期。

1. 自动驾驶

以往，自动驾驶这种号称可以干掉驾驶员的职业，是完全在科幻电影里出现的桥段，科技感十足。如今，自动驾驶已经不再如"神话"般离我们那么遥远，而是成为了现实。

虽然说，在 4G 时代已经出现了自动驾驶汽车，但实际情况是自动驾驶的研发一直非常缓慢，距离真正的自动驾驶，还比较遥远，相比起高速发展的 IT 产业，自动驾驶技术仿佛走在了"慢车道"上。

谷歌的自动驾驶汽车可谓是行业的先驱者，但曾经却发生过十几次交通事故：2016 年 2 月 14 日，一辆雷克萨斯 SUV 试验车撞上了一辆公交车；2017 年 1 月，一辆特斯拉轿车撞上了一辆正在作业的清扫车；2018 年 5 月，Waymo 无人车在美国亚利桑那州发生交通事故。

这些事故的出现，使得人们对自动驾驶的安全性和智能性提出了质疑。难道自动驾驶技术真的经不住实践考验，要就此陨落吗？其实，问题的关键还在于自动驾驶技术没有得到有力的"支撑者"。

那么究竟是什么影响着自动驾驶技术的发展呢？5G 是自动驾驶的根源。可以说，5G 是驱动自动驾驶真正走上"快车道"的根本，也是自动驾驶急需的"支撑者"。

自动驾驶，就是车子在无司机驾驶的情况下，自己开，自己躲避障碍物、自己转弯等。简单说，就是电脑代替人类完成安全驾驶的工作。但毕竟，电脑不是人脑，它没有思考能力，只能处理一些固定的指令。所以，要想电脑真正达到像人脑一样可以思考的境界，就必须保证路上的所有物体，都能向这辆车发送一系列相关信息，如"我是谁？""我在哪儿""我正准备干什么？""我不打算干什么？"等。如图 2-2 所示：

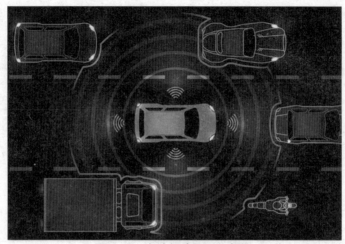

图 2-2　自动驾驶原理示意图
注：图片来源于搜狐网

收到这些信息之后，车辆能够知道路面上每辆车正在或想要干什么，如何才能保证安全行驶，不与其他车辆、障碍物等"发生摩擦"，这样整条路上的所有物体、车辆，才能形成一个类似于局域网的互联网络。基于这些，车子才能更好地思考和避让，才能保证安全，无事故发生。

而要想实现这些，就需要有非常快的网速做保障和支撑。4G 网速虽然较以往网络时代有了很大的提升，但这些远远不够。只有远高于 4G 网络能承受的网速，才能使得自动驾驶更加快速地进入我们的生活当中。这也就是为什么自动驾驶技术必须依赖 5G 网络的原因。要实现车和道路之间的互联互通，只有 5G 网络的足够快的速度和超低的延迟性，才能真正得以实现。

目前，通用五菱汽车，正联合华为、中国移动和广西政府，共同打造了一条 5G 公开测试道路。这也是目前全国第一条真正实现自动驾驶的测试道路。不难想象，在这条公开测试道路之后，我国的自动驾驶必定能够得到蓬勃发展。届时，自动驾驶就不再是天方夜谭。

2. 远程手术

生病对于每个人来讲是十分痛苦的事情，但因为耽误最佳手术时间而导致失去生命，则更是让人感到惋惜和无奈的事情。但这样的情况随着移动通信技术的进一步发展，将会得到极大的改观。

随着 5G 网络进入大众视野，并在各领域实现商用，医疗健康行业将较以往有了更加广阔的发展前景。远程手术，成为最前沿的科研成果，应用于医疗行业。

远程手术，就是医生根据传来的现场影像来进行手术操作，其一举一动可以转化为数字信息传递到远程患者处，以此控制手术现场医疗器械的动作。

在人们眼中，这样的"黑科技"简直让人匪夷所思。但它却可以成为现实，并很好地应用于患者手术治疗当中。远程手术，其本质是将"内窥镜"与"器械"的长度变得更长了而已。当然，这种手术对于专家的操作技巧和相关设备的要求也很高。但能够促进远程手术得以实现的基础，就是 5G 网络技术。

以往，4G 网络的延时性较差，所以图像与实际操作之间不能实现同步进行。而 5G 网络具备低延时的特点，就能使得图像和实际操作之间不再有延时，与现场操作几乎无异。

总之，当高速的网络与低时延相结合，再加上高度的网络稳定性，5G 就成为这个时代的"超级英雄"，为人类带来更加便利、美好的生活，让整个社会迎来前所未有的黄金期。

"城市大脑"全面普及

以往，我们所生活的城市比较"呆滞"。之所以说其"呆滞"，是因为城市信息传输比较滞后，所有的基础设施都是独立存在的，没有"归属感"。这样，整个城市的运营和管理比较困难。

从人类发展的历史来看，城市的发展在不同时期，与科技进步有着密不可分的关系。在人类社会早期，人们的交通工具主要是以马车为主，当时的城市道路自然是按照马车的规格来设计的；随着汽车时代的到来，高速公路成为了城市规划和设计的重要元素；在互联网时代，技术的进步，使得人的行为和需求成为了城市设计的重点。

4G 时代，随着线上线下数据猛增，城市规划又一次发生了巨大改变，使得原先靠经验进行的规划方式变成靠技术实现精准分析。这样能够使得资源得到有效配置，精准满足更多人的需求。

进入 5G 时代，高速度、低延时、大带宽的特点，催生了更多通信需求，一个万物互联的城市就此建成。各种基础设施在 5G、传感器的作用下，实现了物与物、物与人之间的信息互通，并结合相关数据，使得整个城市朝着多元化、便利化的方向发展。

届时，整个城市里的各项基础设施、社区、商业业态、办公业态等将逐渐从原本的独立存在变为一个整体而存在。整个城市就像是大脑一样，而各个独立业态、设施等则是大脑中的脑神经，每条脑神经分别扮演着不同的角色，支配着组成"城市大脑"的各个领域。

目前，5G 已经"入驻"北京朝阳，"城市大脑"也已经开始在朝阳运转，为社会治理插上了技术的翅膀。"城市大脑"实际上是一个综合各项数据的数据平台，这里囊括了互联网公司资源、视频上报信息等社会数据，还汇聚了实时交通、智慧物业、信用体系、人口数量等在内的庞大数据，并在 5G 技术、人工智能、云计算的相互融合下，对这些数据进行有效收集、分析和处理，从而保证整个城市能够像大脑一样变得聪慧。

以智慧物业为例。通过物业的一个大屏幕，就可以非常直观地看到楼宇入驻信息饼状图、入驻企业规模分析柱状图、以及入驻人员信息等。物业公司可以对整个区域的人员、企业有更加直观的了解，便于对整个区域进行更加合理的管理，进行更加有效的资源配置，保证整个社区人员的人身安全。

如配备人脸识别技术和智能出入系统，防止可疑人员尾随；重点区域布置摄像头，有效分析可疑人员的行为轨迹。根据不同等级，将可疑人员行为信息，实时反馈给物业安保人员处理、筛选并及时反馈给民警，降低案发率。

"城市大脑"可以使得交通车辆、路灯、摄像头、学校、工业园、剧院等都具有了智慧。5G 时代，将给城市的发展带来全新的机遇，有效实现智能化、可控化，将推进城市运营和管理的进一步升级。

改变如今和未来的国家实力对比

任何一个时代，国与国之间的较量是综合国力的较量，但本质上是科技的较量。因为只有以科技的力量做支撑，才能提升综合国力。这也是为何各国发起 5G 争夺战的原因。

5G 不仅仅是大众眼中能够带来更便捷、更美好生活的网络技术，更是提升一个国家未来实力强大的技术力量。可以说，5G 与国家竞争实力紧紧地绑在了一起。看一个国家是否具有强大竞争实力，就要看其 5G 发展情况。

技术实力的竞争，往往晋升为国与国之间实力的竞争。因此，国与国之间在 5G 上的竞争，主要包括两方面。如图 2-3 所示：

图 2-3　国与国之间在 5G 上的竞争内容

1. 5G 技术标准的竞争

数字经济的发展，离不开单一市场的互联，而 5G 恰好是那个能够实现万物互联的新一代网络技术。

一方面，统一 5G 技术标准，可以降低各产业成本。

另一方面，统一 5G 技术标准，可以扩大单一市场的范围。

因此，5G 技术标准的统一，成为各国在争夺 5G 话语权的最重要方面。

2. 5G 相关产品和服务的竞争

5G 的出现，使得数字化成为了不可逆转的发展浪潮。在 5G 时代，谁能够率先推出 5G 相关产品和服务，谁就能够抢先一步占领市场，谁就有可能"占山为王"。

基础科学技术是每一种创新产品和服务诞生的基础，也是每一次工业革命的触发者。各国在 5G 竞争的背景下，成功占据优势地位至关重要。5G 与其他技术的融合，为我们带来了一个彻底信息化、数字化的时代。在 5G 时代，以往在某方面可以称之为强国的国家不一定会继续强大，而一些在 5G 领域有更好发展势头的国家则会有更好的发展机遇。

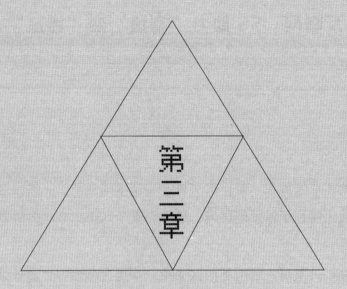

第三章

产业互联网，
5G 商用的主战场

谈起 5G，大多数人的反应就是网络速率的提升，而网络速率的提升，带来的生活上的便利是巨大的。像 4G 时代的手机支付、网络直播都切实改变了人们的生活，人们出门不再带现金，足不出户也可以"环游"世界。5G 时代，以往人们敢想但不敢相信能有朝一日能变为现实的"科幻"，将逐一呈现在我们面前。就当前各领域的发展情况来看，全球 5G 商用进程正逐渐加速。尤其是产业互联网，将成为 5G 商用的主战场。

▶ 工业互联网：5G 助力"制造"变"智造"

人类的工业发展史，是一次次科学和技术的变革史，然而这些变革都在制造业上得到了最好的体现，最终促进了人类生产、生活方式的巨大变革。

工业领域的发展，经历了四次变革，每次变革的内容却各具特色。如图 3-1 所示：

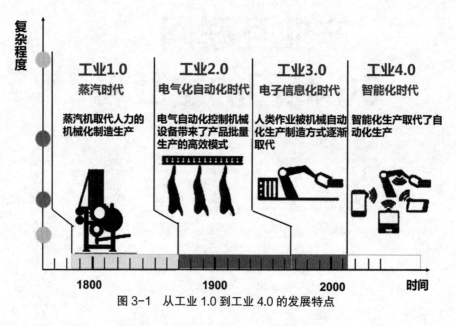

图 3-1　从工业 1.0 到工业 4.0 的发展特点

工业 1.0 是机械制造时代：18 世纪末，第一次工业革命全面爆发，人类进入蒸汽时代，以蒸汽机取代人力的机械化制造生产诞生，人类进入了工业 1.0 时代。工业 1.0 实际上是水力和蒸汽机实现工厂机械化，从而使得机械生产取代了最原始的手工劳动，使当时经济社会从农业、手工业为基础向工业、机械制造业转型从而带动经济发展的新模式。

工业 2.0 是电气化自动化时代：20 世纪初，第二次工业革命全面爆发，人类开始进入了电气化时代，电力的广泛应用促进了生产流水线的出现，这时，人类进入了工业 2.0 时代。在这个时代，在劳动力分工的基础上采用电力来进行大规模生产。与此同时，零部件生产与产品装配的分离得以成功实现。因此出现了产品批量生产的高效新模式，也出现了电器、电气自动化控制机械设备等。

工业 3.0 是电子信息化时代：20 世纪后半期，第三次工业革命全面爆发，人类开始进入科技时代，电子计算机技术得到了迅猛发展，人类作业被机械自动化生产制造方式逐渐取代，人类迈进了工业 3.0 时代。在工业 3.0 时代，生产效率、分工合作、机械设备寿命、良品率都有了前所未有的提高。人类作业已经逐步被机器所取代，因此使得部分体力劳动和脑力劳动由机器来完成。这时候出现了信息技术自动化控制的机械设备。

工业 4.0 是智能化时代：被认为是人类步入智能制造为主导的第四次工业革命。在这个时代，全产品生命周期、全制造流程数字化以及基于信息技术的模块集成，一种高度灵活、个性化、数字化的产品与服务的全新生产模式也即将形成，是一场从自动化生产到智能化生产的巨大革命。

每一次技术变革必将给工业带来巨大的颠覆，无论是 1.0 的蒸汽时代、2.0 的电气化时代、3.0 的信息化时代还是 4.0 的智能化时代，其变革都是如此。

在过去，传统的制造业迫于成本问题不得不进行大规模生产，以至于稍有不慎就会陷入产能过剩的危机，甚至最终发展到企业倒闭的结果。工业智能化的出现将彻底改变这种弊端，在给生产带来了高效制造的同时，避免了产能过剩危机的出现。此外，工业智能化的出现还从根本上解决了人的问题，即逐步通过先进的智能化机器解放、取代了人力劳动。

工业 4.0 时代，是当前最具智慧的工业时代。在工业 4.0 时代的智慧工厂，利用原来的自动化技术和架构，使得设备从传感器到因特网的通信实现了无缝对接，最终建立一个高度灵活、个性化、数字化、智能化、网络化、集成化的生产车间，使得生产全过程实现"制造"向"智造"的转变。

然而，使得整个生产呈现出高度灵活、个性化、数字化、智能化、网络化、集成化特点，关键还在于 5G 技术的应用。当 5G 技术融入工业生产制造中时，才是工业 4.0 的大门真正开启的时候。

因为，5G 技术的应用革新，最大的特点就是实现万物互联。基于 5G 技术，工业制造产业能够满足高可靠、低时延、抗干扰和安全性工业场景，而且多元的链接对象共同组成了工业互联网。这不仅实现了各项成本的大幅降低，更重要的是使得工业领域基于 5G 应用实现了一大突破——实现了从"制造"向"智造"的转变。

工厂内和工厂外全面联结

以往，工业制造生产的基本特点是：

1. 每个环节都需要人的参与

从原材料选择、采购、运输，到生产车间的每一个环节，再到入库，总少不了人工参与的身影。在这样的生存模式下，人工成本、时间成本等，往往使得生产成本高昂。

2. 大规模生产，资源不匹配

传统工业制造，主要是先大规模生产，再投放市场进行售卖。结果不是供不应求，就是供过于求。由此导致库存积压或者严重断货。这样带来的结果，不是造成资源浪费，就是客户长时间等待补货而造成客流量大面积流失。

3. 生产出错，重新来做

由于每个环节都有人工参与其中，所以即便千谨慎、万小心，出错也在所难免。一旦生产的一批产品出现问题，就必须重新来做。这样造成很大一部分资源浪费，严重影响了制造生产商的收益。

4. 生产效率低下

以往，在生产管理过程中，由于对市场需求没有很好地把握，导致物料进度、外协进度等使得生产前期缺乏充分准备；产品流程缺乏衔接性；计划和车间、车间与班组之间的信息不流畅；各部门间缺乏协调和配合。这些原因都导致生产在忙、盲、茫中走走停停，效率十分低下。

进入工业 4.0 时代，以往的这些情况有了很大的改观：

首先，工业制造呈现出一定的智能化，智能化机器取代了人工，使得工作人员解放了双手，去做更多重要的事情，如机器维修等工作。

其次，用户需求、生产原材料、库存、物流轨迹等产品的全生命周期能够实现统一管理和服务。

再次，一旦发现加工的产品在某一环节出现错误，可以返回到上一工序重做。

例如，个性化定制产品在研发之前都是通过互联网与消费者面对面进行沟通，获得消费者对产品要求的各方面数据，然后再根据数据指标来进入生产环节。拿定制衣服来说，在定制之前，消费者对于成品的要求都加以详细的描述，包括材质数据、颜色数据、款式数据、版型数据

（包括领型数据、袖型数据、扣型数据、口袋数据、胸围数据、腰围数据、袖长数据等）等诸多细节性数据。如果在加工过程中发现在领型制作环节出现问题，那么就可以将制作工序返回到上一工序重新按照消费者提供的领型数据进行重新制作，而其他已经制作好的部分已然。这样不但快速弥补失误，还减少了成本的浪费、节约了时间成本，这也正体现了智能制造可以快速寻址、识别，并可以快速解决生产过程中遇到的问题的特点。

最后，在生产效率方面，按照设定的数据进行自动化产，智能传输分拣、智能机器人送货等，有效提高了生产、分拣和配送效率。

这些现代化、智能化的生产、运输等取得成功，有很大一部分是 4G 网络支持的结果。但即便当前的工业制造较传统生产制造有了很大的提升，依旧存在弊端：如依旧会在生产中出错，这一切生产制造过程中产生的弊端，都集中到一点上，就是产品有关的各个环节，包括选材、生产、分拣、运输还是独立进行，或者只有几个环节相连，并不是一个有机的整体。

5G 技术是智能制造得以真正实现的关键。5G 技术可以利用三大场景，将分布广泛、零散的人、机器和设备全部联结起来，这样工厂内和工厂外全面联结，从而建立了一个统一的互联网络。由于实时性和可靠性，5G 技术能够很好地应用于工业制造场景中，可以有效帮助制造业企业摆脱以往 4G 网络技术较为混乱的应用状态。这对于推动工业互联网的实现，以及智能制造的深化转型有着重要意义。

对于这一点，早在 2018 年，上海联通作为电信运营商，就成立了专业团队，针对工业互联网进行积极探索，全面打造"网络＋平台"一体化能力。并与高端制造业企业，积极尝试新技术，并将重点放在"5G＋工业互联网"在智能制造中的应用。这些应用主要包括 5G 环境下搭建智慧车间管理系统、生产实时监控系统、工控设备远程控制、预测性维护、供应商物流监控解决方案。

在 5G 技术的驱动下，我们可以想象一下，未来工业制造生产的模样：

各式"机械手"在空无一人的生产车间里来回工作，并有实时监控系统，当监测到原料即将耗尽时，系统就会自动提醒上一级原材料选购系统补充原材料；当任何一个角落里出现了设备故障，就会有自动及时警报响起，系统会自动监测故障问题，并进行自我维修。甚至系统会进行预测性维护，以保证整个生产不受任何影响，能始终保持工作状态；系统对每批产品在运向客户的物流轨迹进行实时监控和实时数据传输，同时用户可以实时查看货物物流进展情况。这样，在工业传感器技术、人脸识别、二维码等泛传感技术的有机融合下，产品信息实现了全面数字化管理，一切与产品有关的信息都是透明的。每件产品的生产数据，包括规格、工艺、材质等信息都可追溯，而且还能保证每件货物都能安全抵达客户手中，减少丢件、漏件、错误配送的情况发生。

5G 为工厂生产装上了智慧大脑，一张信息管理平台的大屏幕连接了整个工厂内和工厂外物流，从生产线的订单到生产数据，再到设备运行情况，再到商品配送情况，一切都一目了然。不仅减少了员工，还在很大程度上提升了生产效率。

辅助功能入驻生产控制系统

在以往，产品生产制造是整个工业制造的重点，在制造商眼中，只要能生产出满足客户需求的产品，就可以赚得盆满钵满。

但随着信息科学技术的不断发展，工业制造企业也应当用前瞻的眼光来对待自己的发展。在这个竞争激烈的时代，不进步，就是退步，就会被淘汰。所以要学会将当代前沿技术运用于生产制造，才能让企业腾飞。

5G 时代即将进入商用阶段之际，工业制造也应当顺应时代的潮流，除了掌握最先进的人工智能、大数据、云计算等技术，还应当做好 5G 部署。

当 5G 应用于工业制造领域，以往被制造业企业认为的辅助生产的工作，如为了防止材料和产品丢失而装的视频监控、产品装配、设备巡检、故障排查和维修等，这些都将从原来的辅助工作，上升为产品生产控制系统。换句话说，就是这些被以往看作是与生产制造没有直接关系的监控、检测、排查、维修等环节，在 5G 时代将上升为工业制造必不可少的一部分。

因为，5G 可以实现万物互联，在 5G 的作用下，工厂有关的监控设备、巡检设备、维修设备等都被网络连接了起来，而它们虽然看似对生产制造没有直接关系，但产品得以高效生产，却离不开这些辅助功能系统。

1. 远程监控

在生产车间，生产环境复杂，移动设备较多，数据回传设备线路铺设难度大、成本高。另外，生产设备监控系统需要根据生产任务、配合生产线频繁地进行调整，因此采用有线组网的方式极为复杂，且工期长。如果在生产车间安装远程监控，再融入 5G 技术，则可以省去很多线路的铺设，节省了成本，也节省了空间。

2. AR 装配辅助

通常，产品生产制造，需要进行装配，才能算作一个完整的成品。

但有时候，装配工艺复杂，需要对工人进行严格培训，才能上岗操作。

以飞机制造为例。飞机制造工厂，同样需要负责装配工作，再加上飞机本身就比普通产品的生产和装配复杂很多，所以对装配人员提出的要求要更高。一旦出了一些细小问题，则差之毫厘，谬以千里。

AR 眼镜的应用，则可以解决这一难题。借助 AR 眼镜，再配合 5G 网络，则可以将基于空间定位和物体识别的全息影像，应用于飞机装配工作中，如支架拆装、虚拟测试等环节。在装配过程中，AR 眼镜可以自动识别线缆，然后直观地在连接器上指示这根线缆对应的空位，工人根据指示直接插入即可。利用该解决方案，原来需要 3 人的工作量将由一人完成，且装配时间大幅缩短，装配的精准性也大幅提升。另外，整个装配过程会通过 5G 网络将视频自动上传到云端，方便后续查验。

3. AR 运维和巡检辅助

机器设备长时间运转，总会有磨损。为了保证生产能够正常有序进行，做好运维和巡检工作十分重要。将 5G 与 AR 运维和巡检辅助融合在一起，可以使得运维和巡检工作更加精准、高效。

以电站运维和水利项目巡检为例。在传统的售后模式下，往往监测数据信息是相对孤立的，这使得对设备问题判断和问题解决方案的效率难以提升。借助 AR 远程协助系统和 5G 技术，可以在经验丰富的技术专家的协助下，对一线工作人员进行"面对面"的远程指导。不仅可以帮助工作人员做好设备巡检、故障排查和维修工作，还能减少专业人员昂贵的差旅费，有效节省时间、大幅提升工作效率。

基于 5G 的远程监控、AR 装配辅助、AR 运维和巡检辅助，都在工业生产制造中起到了很好的辅助作用，它们融入整个生产控制过程中，能够使得生产制造变得更加高效、低时延、高稳定，使零停机成为可能。

全球5G在工业互联领域的应用落地

5G 商用阶段，工业互联网领域就是重点商用领域。5G 的低时延、高可靠特点，仿佛就是为了满足工业实时控制、无人操作等应运而生的。

如今，全国已经有不少企业进行了 5G 网络改造，并涌现出一大批5G 与工业互联网融合的明星企业，如上海飞机制造有限公司、青岛港集团有限公司、三一重工股份有限公司、格力集团、南方电网等。在这些企业的带头下，5G 正加速在工业互联网领域的应用落地。

5G 在工业互联网的应用落地，主要表现为以下两个方面。如图 3-2所示：

图 3-2　5G 在工业互联网的应用落地，改变工业生产模式和经营模式

1. 5G推动工业企业生产模式发生变革

在 5G 技术的驱动下，工业生产和组织中的人员、设备和环境之间全方位互联，生产设备实现了远程控制，使得工业生产模式逐渐向着无人化、网络化、智能化和协同化方向发展。

例如，青岛港集团有限公司，目前已经利用 5G 全面实现岸桥吊车远程操作。这样能同时满足远程操作所需要的 20ms 端到端时延和高清视频回传的需求，一个人可以同时远程造作四台岸桥吊车。这不仅有效改善了工作人员的工作环境，还节省了 75% 的人力成本，有利地推动了无人码头的实现。

2.5G 使得工业企业的经营模式发生改变

产品的最终归宿是消费者。工业企业可以将 5G 技术与自身产品结合，成为其与客户交互的入口。通过对产品状态的全方位检测和控制，为客户提供更有针对性的个性化服务，有效推动了工业企业从生产型企业向服务型企业的转变。

例如，广西柳工机械股份有限公司利用 5G+MEC（移动边缘计算），实现了高效、低时延的装载机远程控制及作业环境监控，从而使其从卖设备这样单一的商业模式转变为多种商业模式。一方面，可以采用租借设备方式向客户提供服务，这样客户无须花费高昂的成本购买设备，只需要缴纳一定的费用即可使用；另一方面，可以通过手机设备的相关信息，如车辆状况、车辆工作时限。设备故障频率等数据，为客户提供更多的增值服务，如定期保养、定期更换配件等。显然，广西柳工机械股份有限公司，已经在 5G+MEC 的影响下，从设备制造商转向了服务提供商。

5G 在工业互联网领域的应用，虽然对工业生产模式和经营模式进行了改变，但未来 5G 在该领域的应用前景十分广阔，要想得到大规模落地，还需要一段时间来实现。

▶ 车联网：5G 领航未来智能出行

随着 5G 时代的来临，不仅工业互联网得到了长足发展，传统汽车行业作为推动国民经济快速发展的重要组成部分，也在 5G 网络技术的基础上得到了进一步发展，逐渐向电动化、智能化、网联化、共享化方向迈进。

那么什么是车联网呢？从字面意思理解，车联网就是把汽车连接起来的网络。但要是从宏观层面上来讲，就是一个非常庞大的体系了。简单地将车联系在一起，其实并不能算作真正的车联网，还需要将车与行人，车与路、车与基础设施（如信号灯）、车与网络、车与云连接在一起。在这么多连接下，车辆（Vehicle）是整个网络中的主体，车联网也就成为 V2X（X 代表 everything）。

在车联网中，不但有主次之分，还有先后之分。在"前装车联网"中，汽车厂商在生产一台车时，在车内安装了"神经中枢"，而"后装车联网"就是互联网公司通过后装的方式，在车联网车载终端安装软件或硬件。不论前装还是后装，不论硬件还是软件，其实都是为了获取数据，并更好地监测和控制车辆。

车联网并不是近几年才兴起的，早在 20 世纪 60 年代，就已经在日本出现了车联网的概念。虽然经历了这么多年，但车联网一直处于不温不火的状态。导致这样的情况出现，其症结就在于车辆之外的通信能力不足的问题。不论汽车制造商的车内网有多强大和完善，但车外网络能力不足，在很大程度上阻碍了其难以得到飞跃式发展。

如今是万物互联的信息科技时代，5G 应用于车联网，为车联网的发展按下了"加速键"。可以说，5G 领航未来，加速了智能出行的实现。

人、车、路、网、图协同，助力智慧出行

在 5G 技术蓬勃发展的时候，车联网技术也从之前的探索阶段逐渐向现实迈进。5G 网络的高可靠、高带宽、低时延的特点，将对车联网、自动驾驶的发展给予很大的补充。5G 作为更加成熟的通信网络技术，使得车联网的成熟度也将提升很多。

比如，当车辆没油或没电的时候，云端就会通知车主附近哪里有加油站或充电桩；如果车辆在运行的过程中，在某一方面的零件松动，使得出行数值出现了偏差，云端也会及时通知车主进行车辆检查。早高峰时，在行驶的路面上，道路基础设施向云端传输数据，再由云端传回给车辆，车辆借助这些数据能够得知前方道路的拥堵情况，并能感知到前后左右车辆即将做出的行驶轨迹。此外，车辆还能够通过云端传回的数据，自主进行高精出行图规划，以避免早高峰堵车。在这些场景中，数据传输贯穿其中。而数据能够得以传出和传回，关键还在于通信网络的支持。

智慧出行是人们心之所向的场景。显然，在以上这种智慧出行生态中，环境的数字化得以充分体现。而环境的数字化是车路协同重要的方式。在智慧出行生态中，人、车、路、网、图相互协同，从而为我们带

来了很好的出行体验。

例如，2017 年，在广东深圳市福田保税区，有 6 辆阿尔法巴，已经在智能驾驶公交（俗称无人驾驶）领域开始大展拳脚。但由于 4G 网络在网速、带宽、时延方面有所欠缺，因此该智能驾驶公交并没有得到快速发展。

如今，5G 在我国的商用步伐正在加速，这对该智能驾驶公交的进一步应用来讲是大有裨益的。

截至 2019 年 9 月，共行驶了 3 万公里，搭载"乘客"超过 3 万人次。该智能驾驶公交搭载了由海梁科技研发的阿尔法巴智能驾驶公交系统，该系统配有激光雷达、毫米波雷达、摄像头、GPS 天线等设备。基于此，智能公交车能够很好地感知周围环境，通过工控机、整车控制器等对其他道路使用者和突发情况做出实时反馈，也可以对自动驾驶下的行人车辆进行检测、减速避让、紧急停车、障碍物绕行、变道、自动按站停靠等。当然，智能公交车上还依然保留配有司机的习惯。这样如果遇到一些突发紧急情况，司机可以通过切换人工模式进行急刹车，以确保行车安全。

阿尔法巴的成功试运行，使得我国智能公交将扩大试运行范围和示范内容，将 5G、车联网、车路协同、高精度地图、智能调度等技术进行融合应用。目前，福田保税区的智能公交已经成为了我国智慧出行的生态示范区。

从当前 5G 发展的迅猛势头来看，未来 5G 在各领域全面铺开，只是时间问题。5G 的到来，将会使得车联网的发展前景越发明朗。

加强自动驾驶的感知、决策和执行

与 4G 时代相比，5G 网络则更为安全。在车联网里，延时性则是决定其生死的关键。更直白地说，就是自动驾驶车辆除了需要具备观察周围环境的感知能力，还要有与一切影响车辆行驶因素的信息的交互能力，这样才能减少事故的发生。因此，网络的延迟、传输速率，以及安全性等要素，就成为汽车自动驾驶技术的"命门"。

根据相关测试数据显示：如果车辆每小时的行驶速度为 60Km/ 时，时延达到 60ms，车的制动距离大概是 1m；如果时延超过 10ms，则车的制动距离仅为 17cm。也就是说，5G 应用于车联网，就使得自动驾驶成为可能，而且车辆对于环境的感知、决策、执行等方面的能力大幅提升。

1. 感知系统

感知系统，是指自动驾驶汽车的中层控制系统，主要负责感知周围的环境，并进行识别和分析。该系统的原理是传感器，如光学摄像头、光学雷达、微波雷达、导航系统等，收集周围信息，为感知系统提供全面的环境数据。基于 5G 网络技术的互联互通的特点，自动驾驶的感知系统才能真正得以实现。

5G 技术与车联网技术相结合，交通信号灯把信号以无线信号的方式发给周边车辆，就能有效确保自动驾驶汽车的准确位置和行驶状态，有效避免交通事故的发生。

具体而言：

■ 光学摄像，头好比是自动驾驶汽车的"眼睛"。得益于 5G，自动驾驶汽车能够借助光学摄像头对自己周围的一切行人、车辆、障碍物等进行有效的信息识别。

■ 光学雷达，是利用激光来进行探测和测量，激光雷达探测精准度高、距离长；由于激光的波长短，所以可以探测到非常微小的目标。

■ 微波雷达，与激光雷达类似，不同的是它采用的是无线电波而不是激光。微波雷达因为具有较大的波长，所以穿透能力比较强，能够穿透雾、烟、灰等障碍物。因此，在进行探测的过程中，对恶劣天气有很好的"免疫力"。

■ 导航系统：当人类在驾驶车辆时，会从记忆中搜索熟悉的道路驶向目的地。自动驾驶则通过 5G 网络的传输，从高精度地图获取必要的环境信息，如车道标记、路缘、交通信号灯等。"高精度地图"的精度一般达到厘米级，而且是三维立体的，包含车道线路、周围设施的坐标位置等。与传统地图相比，自动驾驶的高精度地图，重要的优势在于能够收集道路激光雷达的反射强度，帮助自动驾驶车辆进行光学定位，而且定位精准度极高。

比如，传统的自动驾驶汽车利用自身装有的摄像头对道路状况进行监测，但这样可能无法保证自动驾驶汽车能够对交通信号灯进行准确判断，因此很容易引发闯红灯等违章行为。但是将 5G 技术与车联网技术相结合，光学摄像头将拍摄到的道路信息上传给云端，云端再将信号回传给自动驾驶车辆，就能有提前预知前行道路上可能出现拥堵情况，以及堵车的精准位置，确保能够高效完成行驶任务。

2. 决策系统

自动驾驶的决策系统，主要负责路线规划和实时导航任务。

传统的汽车都需要有人驾驶，往往会由于驾驶员的一时疏忽或失误操作而带来安全隐患。而智能汽车将这种情况彻底改变。智能汽车是在普通汽车的基础上，除了增加了先进的传感器（包括雷达、摄像），还增加了控制器等装置。再加上 5G 技术和人工智能的应用，自动驾驶汽车通过传感器系统和信息终端获得的对外部环境感知，自动驾驶系统会向人一样思考和决策，根据对车辆行驶的安全及危险状况进行分析所获得的结果，并快速做出处理决策。

比如，车辆在道路上行驶时，经常会在路口发生交通事故，尤其是左转车辆由于存在一定的视线盲点，所以实际和车载传感器经常无法观察到路口内横穿的行人。为了解决安全问题，通常会在路口装上雷达和摄像机对路口内的行人进行监控。如果检测到斑马线上和路口内有行人通过，路边设施就可以将检测到的情况，及时通知即将转弯或者直行的车辆，使其快速做出决策，及时规避事故的发生。

3. 执行系统

执行系统是自动驾驶的底层控制系统，主要负责的是执行汽车的刹车、加速、转向的具体操作。对于自动驾驶汽车来讲，精准的信息获取和快速响应同样重要。这就意味着需要提高总带宽的传输速度，以处理庞大数据的传输和快速做出执行行为。

5G 作为第五代移动通信技术，自然能在其中起到很好的推动作用。5G 对自动驾驶汽车的整个执行过程而言，响应时间变慢，响应速度变快。当遇到紧急时刻，执行系统必定能在第一时间做出合理、安全的行为举措，以有效控制汽车的行驶状态和方向。

在 5G 技术的辅助下，自动驾驶的感知能力、决策能力、执行能力得到进一步升华，将变得更加聪慧。而我们人类的出行生活也因此变得更加美好。

▶ 农业互联网：5G 助力传统农业迈向智能农业

5G 商用大门的开放，使得各领域如沐春风一般快速发展。5G 在农业领域的商用，也被越来越多的创业者和资本所看好。传统农业得益于 5G 网络技术，农业互联网正以一种新的姿态呈现，并使得传统农业逐渐迈向智能农业。

所谓农业互联网，即将物联网技术运用到传统农业当中，传感器和移动设备（如手机或者电脑）、生产设备都形成互联互通的网络，对农业生产、管理、渠道、加工、物流等方面进行控制，使得传统农业更具智能化、智慧化。

连接 5G 之后的农业，其实是在传统农业基础上进行的一次创新革命。主要体现在种植技术、农业管理、种植过程、劳动力管理的智能化上。如图 3-3 所示：

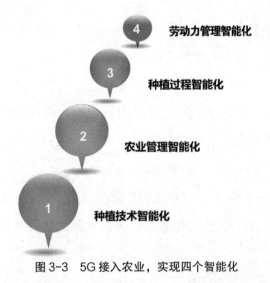

图 3-3　5G 接入农业，实现四个智能化

农业种植智能化

传统农业模式下，人们要想在秋收季节获得硕果累累，就需要从春天开始进行播种，夏天进行除草、浇水、施肥等。这些工作几乎都是在人的参与下或者人们亲力亲为完成的。而且农作物出现病变情况时，需要凭观察判断其是缺水、缺肥还是得了病虫害造成的。

要想让农作物有好的收成，还需要懂点细胞学、遗传学、进化论、植物营养学等知识；还需实时去田间地头查看农作物生长情况；在农作物生产的不同阶段，要明确应当施什么肥，施多少肥等。这种模式下，从前去实地了解情况，到回实验室进行分析、得出结果，再到最后采取相应措施，中间需要等待很长一段时间，而且需要的人力资源也巨大。不但因为农作物长时间得不到合理的补救而造成巨大的经济损失，还耗费大量人力成本。

在 5G 应用于农业领域时，各种摄像头、人工智能识别、智能机器人、传感器、终端设备等之间通过 5G 网络相互连接起来。

首先，智能机器人、传感器相结合，可以通过远程在线采集土壤盐碱度、酸碱度、养分等，实现土壤探测。

在土壤探测领域，Intelin Air 公司（航空数据技术公司）开发了一款无人机，通过类似核磁共振成像技术拍下土壤照片，并将该照片传回到电脑。借助智能识别技术进行分析，确定土壤肥力、酸碱度、养分等，精准判断适宜栽种的农作物。如果在整个环节中，融入 5G 技术，那么土壤探测则更加精准、高效。

其次，在选种的过程中，人工智能识别技术和智能机器人相结合，共同严格把关，将更加优质、出芽率更高的种子选出来。在选肥的过程中，也是根据农作物的实际情况选择最优的肥料，并且在植物成长的不同阶段施以不同数量、频次、类型的肥料。

再次，在进行播种的时候，无人机通过田间的传感器借助 5G 网络所传输的数据，包括土壤条件、水分、光照条件等数据进行分析，并能够准确地计算出播种所需要的深度和间距。

复次，在耕作的时候，借助摄像头和传感器实现远程数据采集和图片拍摄的方法，将数据传输给后台电脑设备。后台人工智能识别对采集回来的数据和图片，与正常值数据和图片进行对比，并分析是否有杂草、长势是否达标、是否缺水、是否有农作物被病虫啃食等。随后，会根据对比结果，给出相应的除草、施肥、灌溉、除虫害智能决策。并由无人机完成相应量的农药、肥料等喷洒任务。

美国 Blue River Technologies（蓝河科技公司）生产了一款名为 Lettuce Bot 的农业智能机器人，用于农业生产中。该智能机器人可以在耕作过程中，为沿途经过的植株拍照，利用电脑图像识别和机器学习技术判断是否为杂草，或者长势好坏、植株间距合不合适等，从而为其精准喷洒农药杀死杂草，或拔除长势不好或间距不合适的作物。基于此，在 5G 技术融入的情况下，将使农作物更加茁壮成长。

最后，在采摘环节中，通过田间摄像装置获取的农作物照片，用图片识别技术识别适合采摘的农作物，再结合智能机器人的精准操控，可以实现快速采摘，极大地提升了工作效率，降低了人力成本。

有关农作物种植的每个环节，有了 5G 的支持，就能有效提升农产品的生产力和质量。同时，传统农业种植就能够快速走向农作物种植智能化，并且推动全球农业发展向前迈了一大步。

农业产品可追溯

当前，食品安全问题，已经成为人们关注的话题。很多时候，进入我们口中的食品，是不安全的，如农药残留超标、非法使用催熟剂、生长激素等，使得人们"谈食品安全色变"。

但因为受不法获利者的影响，使得那些真正合格、安全的农产品却因此而受牵连。为了解决这个问题，人们便希望通过食品可追溯的方式重拾消费者信心。所谓农产品可追溯，简单来讲，就是将食品的原材料，即农产品种植公开化，让越来越多的人了解农产品的整个生长过程，如用什么药、施什么肥，从而消除消费者的食品安全疑虑，放心食用。

在目前的 4G 环境下，食品可追溯已经能够实现，消费者可以随时进入网络观看种植过程。但在 5G 网络强大技术的支撑下，实现万物互联，田间地头的摄像设备、传感器、人工智能机器人、超高清视频等组成了一个庞大的农业互联网。届时，消费者想要看任何一个角落的任何农作物生长数据、用药量、灌溉量等，传感器将在瞬间传回，而且还可以与国家用药标准进行实时数据对比。而且，不再像 4G 时代一样，因为网络传输问题而出现卡顿、画面模糊等情况。

5G+ 农业，实现农产品可追溯，能够通过更好的消费体验，为农产品创造出良好的口碑。同时，也使得那些非法牟取暴利的农业生产商无处遁形，有效制止了他们的非法行为。

劳动力管理智能化

传统农业，人力是最主要的参与要素。没有人力参与，一切与农业有关的事物将无法开展。

随着农业迎来了自动化、机械化，农业生产变得轻松了很多，但依旧需要人工参与其中。

在人工智能的影响下，智能机器设备入驻农田，农业又一次迎来自己的春天，从机械化种植到智能化种植已经成为农业新模式。此时，田间不辞辛劳工作的人们，逐渐获得了双手、双脚的解放。智能化可以更加精准地预算出某项工作需要几个劳动力，干多长时间就能完工，这样就不会浪费人力。或者直接由智能机器人去干那些有危险性、劳动强度较大的工作，这样不但保证了人身安全，还能将工作高效完成。

如今，5G 时代的到来，嫁接农业，使得应用于农业的各项设备、人工智能机器、传感器等连为一体。此时，一些更加惊人的 5G 解决方案，也会随之不断推出，如自动拖拉机实时向管理员提供障碍物数据，并重新规划路径；智能分拣设备对农作物进行等级划分，如分为优质、合格、不合格等，从而保证消费者购买的所有农作物产品都能达标或达到优质标准。另外，在农场使用智能设备，即便人们不在场，人工智能机器人也可以根据室内温度和湿度，自行打开和关闭温室窗户，并自动供水。

可以想象，5G 应用于农业，将会使农业领域得到飞速发展。

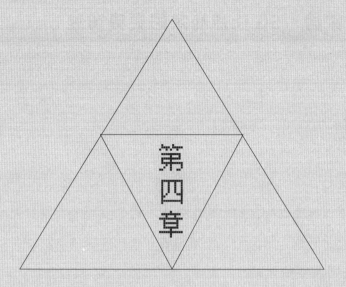

第四章

5G 让生活实现智慧与蜕变

正所谓："科技改变生活。" 5G 作为第五代移动通信网络技术，对人们生活的改变是显而易见的。在 5G 的赋能下，为我们创造了诸多智慧生活场景，使得原本需要人参与才能完成的事情，完全变成智能化，给人们的生活带来了更多的便捷。从这一点上看，5G 的商用的确能够让人们的生活发生巨大的改变。

▶ 智慧家居：5G 让智能家居更具智慧

物联网应用于生活，使得智能化家居已经不再像以往电影里的场景，而是将那些神奇的科幻变为了现实。智能家居的发展对人类生活产生十分巨大的影响，不但给人类带来了高效和便捷的生活，还在惠及大众方面有十分重要的意义。

智能家居进入人们的视野，经历了漫长的探索和发展阶段，如今智能家居市场俨然一片火热的景象。

从当前的市场现状来看，智能音箱、智能电视、智能门锁、扫地机器人、智能照明、智能厨电等产品已经成为众多生产厂商所青睐的产品，并代表着当前一段时间内，智能家居的发展方向。

以海尔为例。海尔打造了智慧家庭全场景解决方案，强调的是"主动智能"，而且所有的家用电器都可以通过物联网实现互联互动、主动服务和语音交互，为用户提供一站式生活服务。

拿生活中最为常见的厨房煲粥来讲，用户只需要设置好智慧燃气灶的"意见煲粥"模式，之后就可以放心离开厨房做自己想做的事情，比如看电视剧、去超市买菜等。燃气的火力会根据粥的熬制情况而进行自动调节，比如在煮沸前，则开启大火档；快要溢出时，则改为小火档；当粥熬制完成时，则自动关火。整个做饭过程中，油烟机也会自动开启，并根据油烟浓度来自动调节风量，燃气灶工作结束后，油烟机也会自动关闭。

当前智能家居发展火爆之际，尤其是进入 2019 年以来，随着 5G 商用的不断推进，像以上智能厨电之类的智能家居，其发展更加不容小觑，智慧家居则是其未来的发展方向。

5G 对于智能家居的改变

虽然当前的智能家居已经走入了不少寻常百姓家庭，但由于诸多因素的限制，使得智能家居体验目前并不太理想。因此，人们往往会对智能家居产生了诸多疑问，比如智能家居何时能普及？智能家居到底离我们有多远？

5G 的出现，带来的不仅仅是人们眼中网络速度的提升，更重要的是给各行各业带来了一次颠覆性的升级。对智能家居来讲，5G 带来的还有很多细节性的改变。如图 4-1 所示：

图 4-1　5G 对于智能家居的改变

1. 高速度提升多媒体内容流畅性

智能家居主要依靠互联网进行数据连接，在使用体验方面，主要与网络传输速率有着直接的关系。如果网络速度缓慢，势必使得智能家居不能更好地运作。5G 具有高速度的特点，其超高的传输速率应用到智能家居上，能够有效提升多媒体内容的流畅性，让用户体验有了一个质的飞跃。

例如，智能视频门铃，如果网络速度不够快，视频通话将不够清晰，视频画面将频繁出现卡顿现象。5G 网络传输速度超快，能够有效改善这种不良的使用体验。

2. 时延减小，隐私性提高

智能家居采用的是"终端采集数据，并传输到智能云端进行处理和管理"的方式。在未来，随着海量终端在物联网的作用下实现了互联互通，这种方式就不再适用了。

5G 技术，对现有模式进行改变，转化为一种全新的去中心化模式。在新模式下，海量终端同样具有智能属性，它们不再担任数据采集的角色。智能终端的全新任务是，将采集来的数据进行理解、推理，并将数据处理交给终端来完成，自己仅在必要时间向云端传回相关内容。

5G 在智能家居的应用上，有效降低了对智能设备控制的时延性，进一步压缩了智能设备的反应时间。终端的智能化数据处理，也使得那些敏感数据在处理的过程中无须离开终端就能完成，有效地保障了用户隐私的安全性。

3. 电池寿命得到有效提升

很多人都有这样的经历，即便手机只是放在那里，电量也一直处于下降状态。这是因为很多较小的任务程序还在后台不停地运行着。如电子邮件会在后台反复向服务器发送请求信息，检查是否有新的邮件到来。一些未打开的应用软件，一直在后台不断检测是否有新的版本需要更新。这些程序在悄无声息中偷偷"吸食"着手机的电池电量。

这样的现象在智能家居中也同样存在。特别是安防类智能设备，它与手机一样长时间处于在线状态，对家庭安全进行实时监控，但与此同时，也在不断消耗电量。虽然市场上已经有一些低功耗设计安防类产品，如嘟嘟 E 家。该智能设备理论上待机时间能够达到 4000 小时。但如果按照每天平均开关门 10 次计算，那么充一次电，至少可以连续使用三个月。然而，消费者对于产品功能要求变得越来越高、产品性能要求变得越来越苛刻，因此即便连续使用三个月充一次电的智能产品，也并不能很好地满足其需求。

5G 网络技术的出现，能够很好地解决智能家居设备的耗电问题。智能终端发送的信息能够被实时处理，并快速反馈到终端，极大地缩减了时间和能耗，也因此极大地提升了智能设备的电池寿命。

从实际效果来看，5G 对于智能家居行业的改变，十分明显。可以预见，在 5G 大规模商用之际，对智能家居领域的影响和改变将更加明显。

5G 使家居系统能承载更多想象与可能

科幻片里，那些神奇的智能家居产品，每一款都能给我们带来眼前一亮的感觉。如今，已经有很多真正走进我们的生活。科技的发展，总会为人们带来更高的生活水平，让人们的很多美好憧憬成为现实。而这又为人类建立了更大的信心，使人们有了对更多想象中的场景进行不断探索的欲望。

5G 的出现，使得家居系统可以承载更多想象与可能。未来，家庭场景应该是这个模样。如图 4-2 所示：

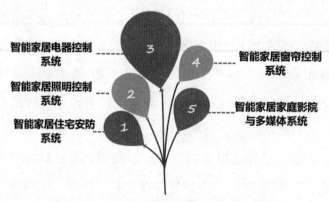

智能家居电器控制系统

智能家居照明控制系统

智能家居住宅安防系统

智能家居窗帘控制系统

智能家居家庭影院与多媒体系统

图 4-2　5G 应用于家居系统带来的应用场景

1. 智能家居住宅安防系统

未来，智能家居安防系统将变得更具智慧。从人开始入门的那一刻起，家中的安防系统就开始履行自己的安防职责了。当有陌生人入侵、煤气泄漏、火灾发生、宠物狗"拆家"时，系统就会及时反应，视频监测会将其"看到"的异常情况通知主人。这样，整个环节中，监测——判断——报警，在 5G 网络的支撑下一气呵成，有效保障家庭安全。这一场景将是未来智能家居发展的新常态。

2. 智能家居照明控制系统

照明控制系统也是家庭生活中必不可少的一部分。未来，智能家居能够对自然环境自动感知，能够根据环境进行智能调节。

如室内照明系统，会自动感知室内是否有人，以及室内明暗程度，自动调节灯光亮度；当室内较亮，或者人离开时，灯自动关闭。这比我们现在使用的声控感应灯要更加自动化、智能化。再如，当有人站在化妆镜前时，灯光、镜子影像、智能信息（如天气预报、室内温度、湿度等）将智能检测、自动展示，完全不用手动操作。

3. 智能家居电器控制系统

电器设备，如燃气灶、吸油烟机、饮水器、空调、热水器等，在家庭生活中扮演着重要角色。未来，智能家居电器控制系统中，家用电器设备都将在智能检测器的辅助下自动开启和调节。

例如，当智能监测器检测到室内温度低于或高于某一温度值时，就会主动"唤醒"，并"告知"空调，提升或降低室内温度。

虽然当前小米已经在2017年有"小爱同学"问世，而且已经在该设备上搭载了人工智能，能够实现智能答疑；智能推荐；关闭和打开电视；打开和关闭、调节空调温度、调节灯光亮度、让机器人扫地等。但这一切都需要在人工指令下完成。而不是"小爱同学"能够在自己感知和思考后采取的行动。所以，在这个基础上，融入能够实现万物互联的5G 网络技术后，相信"小爱同学"能够变得更加聪慧，能够自己感知、检测、判断、发出指令。

4. 智能家居窗帘控制系统

传统的窗帘关与合，是人工手动完成的。但对于别墅和复式房屋来讲，窗帘大、长且重，如果手动的话，既麻烦，又费劲。虽然也可以进行电动开启和闭合，但依旧不够智能。

智能窗帘可以自动检测室内环境的光线明暗程度，以及室内是否有人，判断其是否需要将窗帘闭合或开启。另外，也可以定时开关，根据不同的需求场景而自动控制。

5. 智能家居家庭影院与多媒体系统

传统的家庭影院中融入智能控制系统，使得家用多媒体设备具备了智能的特点。用户在使用的时候，通过一键控制，音乐、游戏等多种情境控制模式之间可以进行快速自由切换，可以有效节省受控设备开关和调试的时间。这样的应用场景，使用户能够获得更加舒适、便捷的使用体验，同时还在更好的视听和娱乐环境中享受家庭影院和多媒体带来的愉悦感。

当前，很多想象出来的智能家居，还处于探索和摸索阶段，其控制系统还处于比较初级阶段，距离成为现实还有一段时间。但 5G 时代已然来临，未来的一切看似不可思议的想象都有成为现实的可能。

▶ 智慧医疗：不一样的健康新体验

人们对健康问题非常关心，对高质量医疗服务需求持续上升，因此健康医疗行业也就成为了非常受人关注的热点行业。

随着移动通信技术经历了从 1G 到 5G 的发展，医疗领域也在这个期间发生了巨大的变化。尤其在当前这个全数字、全连接、即将商用普及的 5G 时代，智慧医疗一方面提升医疗供给，实现患者和医生的信息链接，最大程度提高了医疗资源效率，便利了就医流程；另一方面，医疗数据的价值被进一步发掘，产生了更多的移动医疗应用服务。这些都使得医疗行业成为了一项朝阳产业，正在为人们带来全新的健康体验。

5G 医疗就诊精简化和及时化

5G 技术较以往的移动通信技术而言，是移动通信技术的革新。医疗行业随着 5G 时代的建设进程进一步趋向完善，势必引起一场新革命，给医疗应用带来无限发展。而医疗就诊精简化和及时化，是医疗行业基于 5G 技术的两大发展方向。

其实，早在 2008 年的时候，IBM 就已经提出了"智慧医疗"的概念。这一概念涉及的范围包括：医疗信息互联、共享协作、临床创新、诊断科学等诸多领域。在移动通信技术、大数据、云计算、人工智能等先进技术的推动下，建立医疗信息化平台。在这个平台上，无论患者、医护人员，还是医疗设备、医疗机构，都实现了互联互通，在诊断、治疗、康复、支付、卫生管理等各个环节都能高效进行，从而为人们提供高质量、及时性的移动医疗服务。

以往，"百姓看病难"成为了患者就诊的一大难题。很多患者因为就诊流程过于复杂而耽误了最佳治疗时间。这对于整个医疗行业来讲，是令人十分痛心的事情。技术的进步是实现医疗向智慧化转型的重要驱动力。如今，移动通信技术已经发展到 5G 阶段，将 5G 应用于医疗行业，为医疗行业迈向真正的智慧医疗提供了很好的契机。这种"百姓看病难"将成为"过去式"。

5G 凭借其高速度、低时延、泛在网、高带宽的特点，与大数据、云计算、人工智能、传感技术的融合，使得计算机处理能力呈现数量级增长，众多辅助决策、辅助医疗手成功应用于医疗行业当中。在诊前、诊中、诊后，患者可以享受就医流程精简化，也使得医疗信息在患者、医疗设备、医院信息系统、医护人员间流动共享，让患者能够获得及时治疗，让医护人员能够随时获取医疗信息，实现医疗业务移动办公，极大地提高了医疗工作的效率。

上海崇明创办了 5G 远程医疗服务中心，这为院方和患者解决各自难题带来了极大的帮助。

在 5G 网络的覆盖下，上海崇明区医疗联合体做了三个模块的远程会诊系统，为的是能够更好地解决社区疑难杂症、突发事件、急救重症等医疗问题。

在 5G 技术的支持下，可以较以往以更快的网络传输速度，将患者的报告数据，如年龄、病史记录、病情评估图像等信息传输到崇明分院疾病治疗中心。在这里，专家可以立即进行远程检查和诊断，快速响应、实时沟通，提高了社区医生的业务技能，同时在患者到达医院之前，医生就能够根据患者报告数据给出多项治疗方案。这样有效节省了以往患者挂号、检查、拿报告、等结果的时间。

当病人上了救护车后，急救人员就可以将患者的心电图等信息实时回传给急救指挥中心，指挥中心通过视频及时提供救援指导，实现院前院内无缝联动，极大地缩短了抢救相应时间，为患者争取了更多生的希望。

5G 融入医疗诊断过程中，为医疗行业的发展带来了史无前例的革新和升级。通过医疗流程精简化、及时化，有效保障了患者生命安全，降低了死亡率，为医疗行业的发展带来了福音。

智慧医院构建全方位医疗服务新模式

与其他行业相比，医疗行业其实是变革最缓慢的一个领域。由于医疗行业的特殊性和专业性，以及其中涉及患者信息保密等原因，医疗行业的智能化改革无法正常推进和实现。再加上网络的区域化特点，使得医疗无法形成一个联动的整体。

在 5G 时代，高带宽、低时延可以支持远程的实现，同时能够及时、快速传输数据信息，使得医院实现医疗设备联网获得了一项重要技术保障。在此基础上，智慧医院的实现成为了可能，使得医疗健康行业呈现出越来越强大的影响力和生命力，从而构建出全方位医疗服务新模式，使得传统的医疗服务模式为其让路。

智慧医疗的全新医疗服务模式主要体现在以下几个方面。如图 4-3

所示：

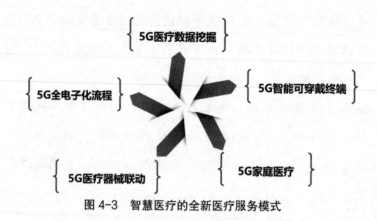

图 4-3　智慧医疗的全新医疗服务模式

1. 5G 医疗器械联动

在实施医疗救治的过程中，大部分医生对患者进行诊断是需要借助相应的仪器来实现的，其中涉及大量的设备，如 X 光机、检测仪、监测仪、诊断仪等。但这些设备，绝大多数都是独立运行的，信息和数据也无法实现联动。

在 5G 和大数据场景下，设备的联动和数据的共享成为可能，使得整个医疗场景实现信息化更进了一步。对于那些智能医疗硬件设备而言，其网络环境的兼容性，对海量数据处理的能力，都在 5G 网络的推动下有了进一步的提升。

2. 5G 全电子化流程

在医疗工作流程中，最为人诟病的就是就医流程不透明。很多医疗手续、单据等一直是医疗行业难以实现改革的一大问题。5G 以及大数据的加持，使得医疗行业实现全电子化流程改革，信息在患者、医生、收费部门之间灵活交互，使得整个挂号、缴费、检查环节实现联动，有效提升医院的工作效率。

当前，医院的电子化流程中，自助查询、交费机是最主要的落地点。但在现有流程下，由于 4G 网络在网络速度、延时性方面还有一定的缺陷，所以在信息传输的过程中，无法实现双向反馈和联动。5G 恰好成为解决这一难点的有效工具。

3. 5G 医疗数据挖掘

在医疗过程中，医疗设备不断获取患者医疗数据，如电子病历、生命体征、身体活动频率、医学影像等，给患者以最精准的治疗。

以往，在搜集完数据之后，数据在医院的利用效率是极低的。因为各部门的数据是独立的，所以对于整个医院的医疗数据分析，并不能保证其精准性，更不能保证患者治疗方案的精准性。

在 5G 时代，软件、硬件等智能产品功能得到了进一步扩展和延伸，可以对医疗数据进行深度挖掘，从而更好地做出精准救治决策、合理分配医疗资源。此外，5G 与大数据相结合，能够有效实现信息在医生、患者，以及医院各部门之间的灵活交互。

4. 5G 智能可穿戴终端

随着智能手机行业市场日渐饱和，各大厂商开始将目光投向智能可穿戴设备领域，不少企业玩起了智能穿戴设备。智能可穿戴设备不仅是一种硬件设备，还能通过软件支持数据交互、云端交互等强大功能，从而重新定义人们的生活。

目前，智能可穿戴设备从产品形态上看，主要有智能眼镜、智能手表、智能手环、智能腕带、智能衣服、智能跑鞋、智能戒指、智能臂环、智能腰带、智能头盔、智能纽扣等。这些智能可穿戴设备成为如今社会最贴近人体，实现实时检测健康数据的设备装置。

5G 网络技术的出现，使得这些智能可穿戴设备形成一整套系统，医生可以对系统内医疗数据进行收集和积累，打破时间和空间限制，从而为患者进行连续和精准的检测。

5. 5G 家庭医疗

以往，患者患病只能去医院进行治疗，在这种传统医疗模式下，很多人因为错过了最佳抢救时间而殒命。尤其是突发心源性心脏病患者，黄金抢救时间是在 4 分钟内，因此必须争分夺秒进行急救。

当前，由于我国老龄化社会发展加速，越来越多的家庭用户希望能够有医疗设备随时监控家中老人的生活，并在危急情况下发出求救信号。5G 具有毫秒级的低时延优势，应用于医疗行业，使得智慧家庭医疗成为可能。

例如，广东壹健康科技有限公司，为了满足医疗行业的发展和用户家庭医疗的需求，基于 5G 技术，推出了小熊智慧药箱。该智慧药箱是集用药提醒、药品管理、智能查药、一键呼叫、健康数据监测、在线问诊等功能为一体，为患者带来陪伴式的智慧家庭治疗。

通过对小熊智慧药箱设备终端和移动端绑定，随时随地查看检测家庭成员的健康数据，而且家中老人如果遇到紧急情况时，还可以通过小熊智慧药箱设备实现一键呼叫，在危难时刻发出求救信号。在 5G 技术下，以最短的时间将求救信号发送到事先绑定的移动端，以获得最快速度的救治。

5G 网络作为下一代通信技术，结合大数据的发展，为移动医疗的发展提供了必要的网络技术条件。当 5G 真正在医疗行业实现商用时，未来，冠心病、心脏病、高血压等患者无须到医院接受医生的药物治疗，就可以接受医生的远程监测、远程治疗、生活方式管理、智能可穿戴设备监测在内的医疗服务。

5G 加速智慧医疗应用场景升级

5G 时代来临，医疗行业随之发生了巨大的变化，也给智慧医疗行业带来了更大的发展前景。

据相关机构的预测数据显示："到 2020 年，中国智慧医疗的市场规模预计将超过 1000 亿元。"

如此良好的发展前景，自然吸引了医疗领域的各个机构全面探索智慧医疗所带来的全新可能性。如今，高速网络信息传输、超高清视频技术等在内窥镜、手术机器人等领域中的应用，有效提升了医疗水平。尤其是传统医疗应用场景向智慧医疗应用场景的转变，则给医疗行业带来了更加深远的影响。

那么，5G 将对医疗行业产生了那些影响呢？从下面 5G 对医疗健康细分领域的应用场景中，我们能够找到答案。

1. 院外应用场景

院外应用场景是医疗服务的重要场景之一。在 5G 技术的作用下，移动救护应用场景的实现成为了可能，在黄金救援时间内实施医疗救治，能够有效提高病患的治愈率。此类应用的突出特点是：移动性强，业务随机性较大，带宽要求大约在 50M/ 车，时延低于 50ms。基于 5G 网络技术，救护车辆能够很好地担负起向院内及时、准确传输诊疗数据及实时影像的角色。

具体来讲，院外应用场景包括以下几个方面。如图 4-4 所示：

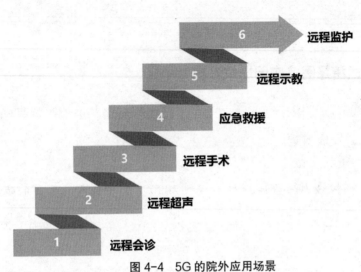

图 4-4　5G 的院外应用场景

（1）远程会诊

当前，我国的医疗资源分布不均，尤其在农村或较为偏远地区，居民难以获得及时、高质量的医疗服务。传统的远程会诊采用有线连接的方式进行视频通信，这种方式建设成本和维护成本较高、移动性较差。

5G 网络具有高速度的特点，将其运用于 4K/8K 的远程高清会诊和医学影像数据的高速传输与共享，使得专家能够随时随地开展会诊工作，提升诊断准确率和指导效率。

（2）远程超声

医生在用超声检查的方式来诊断患者病情时，用一个类似于医生眼睛的探头对患者进行扫描。不同的医生往往会采取不同的手法去调整探头的扫描方位，以选取扫描切面为病人做出诊断，但这样会导致最终的检查结果出现偏差。

很多时候，基层医院的超声科医生在操作方面往往会经验缺乏。这时候就需要建立一个能够实现高清无延时的远程超声系统，在优质医院专家的操作下，实现跨区域、跨医院之间的业务指导、质量管控，从而保证基层医院的超声工作的规范性和合理性。这样，在上级医院和基层医院的联动下，能够有效提升基层医院的服务能力。

（3）远程手术

远程手术也是5G技术应用于医疗领域的一个重要应用场景。利用医疗机器人和高清音视频交互系统，远端专家可以对基层医疗机构的患者进行远程手术。

实现远程手术，主要是得益于5G网络的高速度、低时延的特点。与4G网络时代相比，5G能够简化以往手术室内的复杂网络环境，降低网络接入难度。再加上5G网络切片技术的应用，可以快速建立上下级医院之间的专属通信通道，有效保障远程手术的稳定性、实时性和安全性。这对于专家随时掌握病患手术进程，实现精准手术操控，对降低患者就医成本、实现医疗资源的合理配置等方面，具有重要的意义。

2019年6月27日，北京积水潭医院，通过远程系统控制平台与嘉兴市第二医院和烟台市烟台山医院同时连接，成功完成了全球首例骨科手术机器人多中心5G远程手术。在人工智能、5G技术的赋能下，优质机器人资源与患者相连，即便相隔千山万水，也能毫无阻碍地完成了一对多实时手术。这充分体现了5G技术所蕴含的巨大力量。

（4）应急救援

对于很多突发性疾病，包括急性病变、急性创伤，需要在短时间内给予紧急救护措施，并需要医护人员及时研究和设计现场抢救、运输、通信方案，以在最短的时间内给予最好的紧急救治。对于医护人员来讲，挽救患者生命至关重要。

5G 网络应用于医疗行业使得医疗设备检测信息、车辆实时定位信息、车内外视频能够实时传输，使得入院前就能够快速完成急救信息的采集、处理、存储、传输、共享等工作，有效提升了服务质量。借助这些数据信息，可以有效做出救急管理与辅助决策。

（5）远程示教

医疗教育行业每年要输出大量医疗卫生技术人员，包括医疗、护理、医技人员。在进行医学教育的时候，往往会通过会议讲座、病例讨论、技术操作示教、培训研讨、成果发表等形式进行线上远程教育。

这些线上远程示教得以实现，关键在于有传输速度高、延时性低的网络技术的支撑。

5G 网络技术适用于医学远程示教的多个业务场景，包括实时观摩手术、手术指导、学术会议转播手术、移动端远程手术指导等应用。

（6）远程监护

远程监护是借助无线网络技术对患者进行的实时、连续的医疗监护。远程监护能够将患者实时生命体征数据和危机警报信息，以无线通信的方式传输给医护人员，医护人员据此采取相关措施，从而保证患者的生命安全。

借助 5G 技术的低时延和精准定位能力，智能可穿戴设备可以实时上报患者位置，采集并上传患者生命体征数据至远端监控中心，远端医护人员可以根据患者当前的状况，及时作出病情判断和处理。

2. 院内应用场景

医院内部本身是一个有机的整体，在接入 5G 网络之后，可以在院内实现多个应用场景，包括无线监护、移动护理、患者实时位置采集与检测、实时调阅患者影像诊断等。这类应用涉及病人隐私、网络隔离，因此对网络的安全性和可靠性也提出了较高的要求。而 5G 网络恰好是满足这些需求的网络。

具体来讲，院内应用场景包括：

（1）智慧导诊

以往，医院有一个导诊的岗位，主要负责指导患者就医；护送患者做各种化验、检查、缴费、取药、办理入院手续等一系列内容。这些工作既烦琐又细致，工作量大。

智能机器人应用于医疗领域，并结合 5G 网络技术，打造的 5G 智慧导诊机器人，能够利用 5G 边缘计算能力，提供基于自然语义分析的人工智能导诊服务。该机器人一"上任"，就能极大地减轻了导诊人员的工作量，有效提升导诊服务效率。

（2）移动医护

医疗护理工作是每个医院都会提供的一项服务。医护人员每天要对患者进行查房、换药等。尤其是放射科、传染科等特殊病房，也需要医护人员亲力亲为。

有了 5G 技术和传感技术，医护人员可以通过 5G 网络实现影像数据和体征数据的移动化采集和高速传输，再通过移动高清会诊，有效改善了以往网络卡顿、传输延时的问题，有效提升了查房和护理服务的质量和效率。

有了 5G 技术和人工智能技术，医护人员可以控制医疗辅助机器人移动到指定病床，捕捉相应的患者数据。这样可以在保护医护人员安全的前提下，有效完成了护理服务。

（3）智慧院区管理

智慧院区管理，是智慧医疗建设中的重要环节。

利用 5G 技术，使得院内的医疗基础设施、医疗设备、摄像监控设备等实现了互联互通，能实现医院资产管理、院内急救调度、医务人员管理、设备状态管理、门禁安防、院内导航等诸多服务，提升医院管理效率和患者就医体验。

5G 技术赋能医疗行业，对于医疗行业来说，能够开启智慧医疗新篇章，能够实现医疗行业的变革与创新；对于患者来讲，有效降低就医成本，提高了诊治效率、优化了医疗服务质量，使得越来越多的患者能够从中受益，获得更加高效、舒适的就医体验。

▶ 智慧城市："城市大脑"最大化助力城市管理

智慧城市是人与环境、人与人的一种全新的生存状态。智慧城市是人们心之所向的城市的模样，100 个人心中可能会有 100 个智慧城市。

移动通信技术发展经历了 1G 到 4G 时代，现在即将进入商业化的 5G 时代，科技的进步让移动通信技术朝着更快、更好的方向发展。在与物联网、人工智能、云计算、大数据等新兴技术的融合下，5G 技术将使城市建设以一个全新的面貌呈现在我们面前：智慧城市，将城市管理可视化，将成为 5G 时代城市发展的一个新机遇，让我们的城市生活变得更加丰富和精彩。

随着智慧时代的到来，智能化产品和大数据信息成为智慧城市建设的重要"推手"。虽然"智慧城市"的概念已经喊了很多年，但 5G 技术的商用，将成为智慧城市建设的重要催化剂。

智慧城市以互联网络为基础，以传感器、摄像头和执行设备为基础设备，基于城市所产生的数据资源，对城市全局进行及时采集、分析、指挥、调动、管理，最终实现对城市的精准分析、整体判断、协同指挥。

如果将智慧城市比作"大脑"，那么散落在城市各个角落的传感器、摄像头和执行设备则组成了这个城市的皮肤、眼睛和手臂，则 5G 网络将成为连接城市中这个城市最先进的"神经网络"。

如果将交通、能源、供水等散落在城市各个单元里的数据比作"神经元"，那么"智慧城市大脑"就是将这些数据连接了起来，相当于打通了"神经元系统"。

因此，"城市大脑"可以简单地理解为：在 5G 网络、物联网、云计算等新一代技术的作用下，使得各传感器、摄像头、执行设备运作起来，服务于交通、能源、供水、安防等领域，及时修正城市运行缺陷，实现城市治理模式突破、城市服务模式突破、城市产业发展突破。

预计到 2025 年，全球将拥有 28 亿 5G 用户、650 万个 5G 基站。届时，50% 的人口将享有 5G 网络服务，5G 的广泛连接、超大带宽、超低时延的特点，将和丰富的行业应用一起，实现智慧城市、智慧连接。"城市大脑"将为我们带来前所未有的创新城市服务，助力城市管理智能化、数字化。

5G 保驾护航公共安全

在城市中，洪水、地震、火灾、爆炸、交通事故、毒物泄露、放射源泄露、禽流感、食物中毒、恐怖袭击等重大公共事件会不定时发生，如何能够全面监测、监控，并快速、动态地全面了解应急现场的状况？如何科学预测其发展趋势、后果并快速预警？如何科学决策、综合协调和高效处理？这些成为当前城市公共安全的重要难题。

5G 网路凭借其高速度、低时延、高带宽的优势，能够快速指挥应急系统，更具体、更及时地为人们安全、幸福的生活保驾护航。

例如，5G 智能视频云系统，作为一个实用且高效的城市公共安全综合管理应用体系，能够将预防与应急并重、常态与非常态相结合，依靠信息技术和公共安全技术，充分利用现有资源，对城市中可能存在，或已经存在的安全问题进行有效监测，并根据其发展事态进行快速分析，做出精准解决方案，有效减少人员损伤和经济损失。

例如，通过智能分析预处理以及人脸检测算法，可以将监控视频中的人脸进行整理汇总，获取视频内感兴趣目标的相关信息，并根据这些人脸信息生成索引，结合大数据分析技术，实现人员检索、人员布控、人脸对比等人员大数据分析功能。通过这些人脸大数据，借助 5G 网络回传到后台，通过人工智能进行人脸对比和匹配操作，从而以最快的速度，在最短的时间内找出犯罪分子的行踪，并进行精准定位。

5G 引领便民出行、便捷停车新潮流

在以往，人们出行最头疼的事情就是堵车和停车。"城市大脑"的其中一个重点应用就是借助 5G 网络技术，实现便民出行、便捷停车。

"先离场，后付费"，是"城市大脑"便民出行、便捷停车的一个重要实施方面。只要车主在城管停车系统内将车辆与支付方式绑定即可。"城市大脑"整合停车位实施数据，在融入 5G 网络之后，车库内的摄像头、传感器等将车库内的情况快速传输到后台，后台通过挂号 App、交通广播、地面引导牌等方式实时发布停车位信息，引导车主快速找到车位。这样，车主再也不用为了找不到车位而焦头烂额，有效节省了四处找车位的时间。

另外，"城市大脑"除了解决堵车和停车问题，还推出了"10 秒找空房""20 秒景点入园""30 秒酒店入住"等服务。出行旅客可以通过"找空房"小程序找到附近的空房。5G 技术实现了万物互联，将入住机、游客订单、游客身份证、支付工具等连接起来。便捷的自主入住机极大地简化了入住流程，游客只需要将身份证在感应区上刷一下，

并进行人脸识别，机器上就会显示预定订单。确认支付后，就能拿到房卡入住了。

5G智能中心24小时守护城市

以前，城市管理靠城管。如今，5G 时代，城市管理工作由智能中心接管，所有工作由智能中心全权指挥。

智能中心就像是一个城市运转的"大脑"，让以往人们想象中的智慧管理成为可能，并为整个城市带来 24 小时全天候守护。

以数字城管为例。智能中心指挥大厅里，一面超大型液晶显示屏被划分为多个视频系统，同步实时播放，从而构成了一幅城市运行数据图。借助 5G，将这些数据快速传输到数字化城市管理信息系统和监督指挥系统。这样，数字化城市管理系统和监督指挥系统通过掌握液晶屏系统的实时数据，实现了实时监控以及资源共享。如果发现公共设施破损、机动车乱停放、违规贴挂宣传品等，系统会通过手机"城管通"App 直接上报给智能中心。智能中心接收后，第一时间进行专业人员派遣，进行专业处理和维护，处理完毕后，通过"移动工作通"反馈回智能中心进行结案。整个过程从发现问题，到解决问题，在极短的时间内就全部完成，使得整个城市在 5G 智能中心的守护下，让人们的生活有了更多的幸福感。

5G 与城市建设的融合正处在从初级探索阶段向规模应用的关键时期。未来，5G 在城市建设中的创新应用，将以更快的速度加快城市向智慧城市发展。让我们拭目以待。

5G构建新型智慧社区

以往，人们生活的小区里，经常有陌生人尾随进楼，给很多不法分子留下了作案机会。小区内的娱乐设施、照明设备、供水设备、电力设备等损坏，往往长时间得不到维护，给人们的生活带来不便。另外，我们有时候出门难免会忘记带钥匙，找开锁人员开锁虽然解决了燃眉之急，但这样不但耗时，还需要支付开锁费用，更重要的是不能保证开锁、换锁的安全性，着实让人头疼。

如今，在"城市大脑"的运作下，一切都得到了极大的改善。而智慧社区作为智慧城市的一个重要组成部分，随着5G技术商用的发展，智慧社区的发展也迎来了春天。

智慧社区借助物联网、云计算、大数据、5G网络技术，为社区居民带来了更为安全、舒适、便利的智慧化生活环境，如智慧物业、智慧安防等。5G技术正在为居民勾勒出未来社区的一幅不同以往的画面。如图4-5所示：

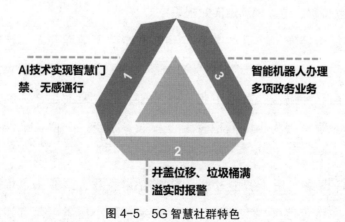

图4-5　5G智慧社群特色

1. AI技术实现智慧门禁、无感通行

在智慧社区，还充分应用了人脸识别、人脸布控、大数据分析等技

术。基于 5G 网络，使得单元门门禁、人脸图像实现了互联互通。同时再加上 5G 具有高速度、低时延的特点，使得居民通过人脸识别门禁，能够快速进出单元门，实现了无感通行；小区出入门通过人脸识别微卡口来提升外来人口、车辆的识别能力，有效保障公共安全。

2019 年 7 月，北京海淀区北太平庄街道志强北园小区打造的"5G+AIoT"（智能物联网）智慧社区，正式投入使用。这也是我国首个智慧社区，与传统社区相比，堪称是里程碑式的跨越。

该小区通过人脸识别智慧门禁系统，居民进行"刷脸"即可进门。更为方便的是，该智慧门禁系统对 70 岁以上的"空巢"老人，设计了超过 24 小时没出门，就会自动拨打电话的设置，便于社区随时监测他们的情况。这样不但可以确保老人的安全，而且对于工作繁忙、在外上班的儿女们来说，无疑减轻了对于父母的担忧，让整个社区变得更加有温度。

2. 井盖位移、垃圾桶满溢实时报警

我们经常会发现小区的井盖位移，甚至"不翼而飞"，这样有人路过一不小心就会掉进"坑"里。有时候，小区内长期积存了大量生活垃圾，垃圾桶已经满溢，散发出刺鼻的味道，让人避而远之。出现这些情况，很多时候是因为小区面积较大，有很多是盲区，使得工作人员不能了解其实时状况。

将 5G 网络应用于智能社区，并结合物联网、摄像头、传感器等设备，可以在特定范围内大规模、高质量地抓取小区各项基础设施的实时情况。

5G 网络具有高速度、低时延、大容量等特点，传输速度是 4G 的

100 倍，时延达到了 1 毫秒。在当前的 4G 网络条件下，百兆带宽远程同步调取视频最多显示 4 路摄像机，而且还略有卡顿现象。当整个智慧社区升级为 5G 网络时，小区内可以同时接入 20 ~ 30 路摄像头，而且还不会出现任何卡顿现象。

再加上物联网技术，使得小区内各项监控设备、传感器等实现了互联互通，如电动车防盗、无线烟感警报、垃圾满溢告知、井盖移动和水位智能检测等，都能在智慧小区得以实现。

目前，北京海淀区北太平庄街道志强北园小区的井盖下面和垃圾桶盖内侧都安装了智能传感器。这样，一旦有井盖发生位移，或者垃圾桶满溢度达到了 90% ~ 95%，智能传感器就将实时情况回传到后台系统，系统会根据回传数据进行实时分析，当分析结果满足报警条件时，系统就会报警，并自动将实时情况推送到终端平台，提醒垃圾清运人员去清运垃圾。相关工作人员收到信息后，就会到达现场进行处理。显然，在整套系统的协同作用下，能有效保证小区环境卫生。

3. 智能机器人办理多项政务业务

社区居民经常会在居委会办理一些业务。但很多时候，人们集中前来办理，由于居委会工作人员有限，因此造成了人流量拥堵，在短时间内难以帮助所有前来办理业务的人完成业务办理。不少居民因此而怨声载道，而工作人员也忙得不可开交。

5G+ 人工智能应用于智能社区，将有效改善当前的这种现状。基于 5G 的高速度、低时延的特点，智能机器人连接 5G 之后，变得更加聪慧，能为社区居民提供工作咨询、引导和办理服务。如办理社保登记、计生政策咨询、老年卡办理咨询等，智能机器人都能更加自如地胜任。此外，基于 5G 网络的万物互联的特点，接入 5G 网络的智能机器人还可以与基层派出所进行联动，将居民户政与身份证办理的咨询业务前置到社区居委会，便于老年居民足不出户就能实现更加高效的信息咨询。

有了 5G、智能机器人的帮助，社区居委会的工作量减少了很多，有效提升了办事效率。居民也为此而感受到了 5G 的力量，以及 5G 给生活带来的便利和便捷。

智慧社区正在 5G 即将全面进入商用之际，成为智慧城市建设的一片新蓝海，吸引着嗅觉更加灵敏的资本市场，由此创造出更多对智慧社区有益的、与生活息息相关的基础设施。这将进一步加速城市建设向智慧城市迈进的步伐。未来，城市居民的生活环境将变得更具安全性、便捷性和舒适性。

▶ 智慧物流：重塑物流发展业态

物流行业可以说是 5G 率先覆盖的一个重要的领域。5G 技术应用于物流领域，将推动基于"物联网 + 人工智能"的智能物流模式的转型，车、货、仓实现互联互通，物流的智能化将加速实现。

那么什么是智慧物流呢？智慧物流是指通过智能硬件、物联网、云计算、人工智能、大数据等智慧化技术与手段，提高物流系统分析决策和智能执行的能力，从而使整个物流系统的智能化和自动化水平得以有效提升。

以往的传统物流，往往很多环节都需要人工参与，再加上在运输、仓储、配送、包装、流通、装卸搬运、信息处理等环节之间的衔接性较差，难以实现多式联运，而且装卸搬运大多使用的是人工搬运车，效率极低。

任何时代，科技是行业变革的力量，科技的发展将逐步抹平所有的服务界限。对于物流行业也是如此。随着第四次工业革命的到来，人工智能应用于物流行业，将有效解放人力资源，使得分拣、运输、配送、包装、流通、装卸等工作都由机器完成，使得传统物流向智能物流发生转变。

以分拣为例。当前，机器人与自动化分拣技术已相对成熟，得到广泛应用，很多仓库中都已经在使用机器人与自动化进行货品分拣。

京东作为我国电商巨头之一，截至 2019 年 9 月，在全国分布了超过 600 个仓库，这些仓库每天全天候运行，不断进行着货品分拣、打包、搬运等工作。以前，在没有实现智能化的时候，这些工作都还是由人工完成的。然而，随着人工智能技术的引入，这些工作都由机器人完成。在一个面积为 1000 多平米的仓库里，300 多个分拣机器人并然有序地取货、扫码、运输、投货。京东的智能物流中，机器人的投用使得人工分拣工作量减少了 86%，而且保证了货品分拣的及时性、准确性、安全性。

人工智能应用于物流行业，实现了物流的智能化、自动化。然而，随着 5G 技术的逐渐普及和全面商用，智能物流接入 5G 网络技术之后，将从智能物流向智慧物流进行升级。5G 技术的出现，不只给物流业带来了速度的变化，它的出现为物流行业带来了全新的机会，能够进一步重塑物流发展业态。

把人从低端劳动中彻底解放出来

虽然京东在智能物流阶段，已经减少了 86% 的人工工作量，但这并没有使得人从整个物流环节当中彻底解放出来。5G 时代，彻底解放劳动力不再是一件奢望的事情，而是即将成为现实。

在当前的 4G 时代，无论带宽，还是时延性方面都存在不足，不能完全适应物联网、人工智能等热点技术，而 5G 的到来则是对 4G 缺陷的进一步弥补，给物流领域向前迈进一步提供了很好的动力。

另外，5G 网络应用于智能物流领域，使得物流运作相关的信息更加迅捷地触达设备端、作业端、管理端，实现了端到端的无缝连接。5G 可以说是物联网达成万物互联目标的点金石。在之前，诸如京东这样的电商巨头，其物流通过无人机、无人车、无人仓、人机交互等为代表的智能物流布局，为 5G 时代的智慧物流的发展打下了良好的基础，也为智慧物流提供了更多想象空间。仅从应用场景的角度来看，5G 技术在智能物流园区、自动分拣、冷链、无人机配送方面，都可能带来全新的变化。而最明显的一个变化，就是随着设备和设施的智能化应用的普及和互联互通，使得从事低端劳动的人力可以完全从中解放出来。

还以京东为例。2019 年 8 月 7 日，京东物流公司宣布在武汉打造 5G 智能物流示范园区，旨在推动 5G 技术与物流的融合，实现 5G 智慧物流应用落地。

京东整合了 5G 网络技术，逐步连接了物流园区、仓库、快速转运中心、运输、末端智能设施等多个环节，使得整个物流链的数字化、智能化特点更加明显。

首先，5G 与摄像监控、传感器技术的融合，使得车辆入园路径自动计算和车位匹配。

其次，在 5G 的作用下，园区无人机、无人车巡检以及仓库货物分拣、运输等工作，都由智能机器人完成。

最后，京东将 5G 网络应用于智能物流，使得整个端到端的联网较 4G 时代更加稳定，也不存在延时问题，使得各环节设备运行效率得到了有效提升。

这样，即便没有人参与其中，也可以保证仓储、分拨中心的运营更加稳定和高效。因此，原来的低端劳动人员就可以从中撤出来，将工作人员转向后端，对整个智慧物流系统进行整体监测和把控即可。

将 5G 应用于智慧物流，将人从低端劳动中彻底解放出来，这不仅是京东的战略，也应该是整个物流行业共同的战略。它需要更多的商家、物流企业、技术公司利用 5G 技术的优势，积极投身于智慧物流，最终加速智能物流向智慧物流的快速升级。

实现智慧物流管理体系可视化

近几年，随着互联网、大数据、人工智能、物联网等技术来袭，物流行业的发展也逐渐向着智能物流模式发展。

而 5G 作为一项全新的移动通信技术，也被称为万物互联的开端，拥有高速度、大容量、低时延的特点。在 5G 即将进入商用阶段之际，物流行业也因 5G 而产生了新模式，智慧物流在 5G 网络技术的推动下成为现实。5G 对于物流来说，价值不言而喻。

事实上，5G 之所以能够在物流领域被广泛应用，主要是因为物联网与物流之间存在十分密切的关系。5G 网络接入物流领域，其互联互通的特性能很好地促进物联网在物流行业的应用，促进物流向智慧化方向发展。智慧物流作为当前最前沿的新一代物流，具有十分复杂的架构体系，同时还具有很强的灵活性和兼容性。因此，5G 应用于物流领域，使得智慧物流具有良好的特性。而智慧物流管理体系的可视化，就是特性之一。

所谓可视化智慧物流管理体系，实际上是一种在物联网基本架构基础上设计的服务体系，其主要是为了在物流运输过程中实现全面感知、全局覆盖以及全程控制的智能可视化应用。

从更深层次来看，可视化智慧物流管理体系一共分为四个层面，包括：感知层、传输层、应用层、可视化展现层。每一层都各司其职，并具备一定的安全体系和标准规范。

感知层，主要担任部署底层数据采集和整理的工作，如物品识别感知、车辆或物品地理位置感知、视频语音感知、传感器感知等。

传输层，主要负责使 5G 和其他通信网络技术进行自由组网，如自组织网络、异构网整合等，同时还负责数据传输和信息管理，如蓝牙、5G 移动通信、广域互联网等。

应用层，主要的职责是接收来自感知层数据通过传输层。感知层是物流平台提供的数据整合接口。

可视化展现层，主要负责调用数据接口和可视化技术完成数据展示。如图 4-6 所示：

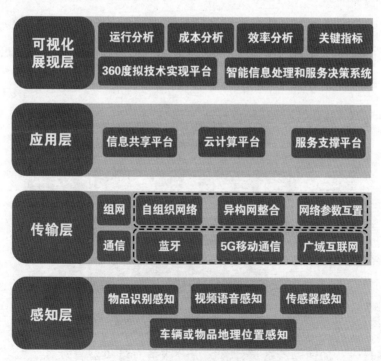

图 4-6　可视化智慧物流管理体系

通过以上四个层面，可视化智慧物流管理体系在 5G 的高质量通信技术基础上，实现了物流数据的精准化和可视化，为决策者提供了很好的参考依据，为管理者提供了实时动态界面，便于管理者对物流的整个环节进行宏观把控，如运行分析、成本分析、效率分析等。这是 5G 时代新一代智慧物流的重要管理体系。

构建全新智慧物流应用场景

5G 应用于物流行业，将在原来物流场景基础上产生新的场景，并形成新的优势。这些新的应用场景中，有些会在 5G 全面进入商用时成为现实，有些则需要在 5G 进入推广后期才能实现。因此，基于 5G 的全新智慧物流的全面实现，需要一个循序渐进的过程。

就当前 5G 发展现状来看，最先实现的物流应用应当包含如下几方面。如图 4-7 所示：

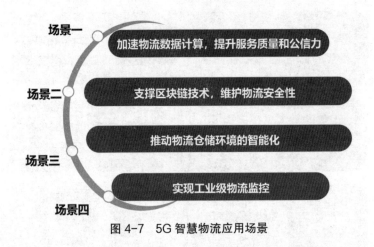

图 4-7　5G 智慧物流应用场景

场景一：加速物流数据计算，提升服务质量和公信力

5G 作为第五代移动通信技术，具有超高带宽的特点。基于这一特点，使得大数据和云计算的"云物流"架构变得比 4G 时代更具实用性。在智慧物流中，物流节点的数据计算分为集中式计算和移动边缘计算。

5G 作用于边缘计算，使得所有移动节点都能将数据的计算、存储、缓存等放置在终端的网络边缘，因而边缘服务器的数据计算能力更高、存储效率更高。

在当前这个数据大爆炸的时代，数据量越来越大，数据的作用也显得越来越重要，但由于其复杂程度增加，数据的处理难度也逐渐增加。5G 能够提供很高的带宽，这对于物流大数据和云端计算是非常有利的，能够加速物流大数据的快速流通和共享，能够提升云计算的数据处理能力，并且能够实现数据的实时更新。从这方面看，5G 可以提升整个物流行业的服务质量和公信力。

场景二：支撑区块链技术，维护物流安全性

虽然近几年物流行业有较快的发展，但依然存在瓶颈。

传统物流体系，通常规模较大，涉及的相关数据信息较为庞大，但在数据安全性方面做得并不理想。区块链技术的应用，使得物流信息的安全传输有了一定的保障，但要想实现这一点，还需要一个强有力的催化剂做通信技术支持。5G 作为一种全新的传输通信方式，则是最佳的选择。

区块链技术可以真实记录和传递物流过程中产生的全部资金信息和产品信息、物流信息等。5G 技术凭借其高速度、低时延的特点，可以保证信息在传递过程中的实时性和高效性，能够有效提升物流效率。在5G 网络技术的支撑下，所有记录在区块链上的相关信息都是透明的，每个物流供应链链上的上下游企业、个人都可以对所有信息清晰可见，并可以实时查看。这就为物流供应链中数据的真实性和可信任性提供了重要的保障。

场景三：推动物流仓储环境的智能化

人工智能应用于物流领域，使得仓储环节实现了全面智能化。在 5G 技术的推动下，仓储环境实现智能化将变得更有希望。

5G 和人工智能的结合，是未来的必然趋势。目前，机器人设备中嵌入的硬件芯片，在当前 4G 网络技术条件下，由于时延性差、高功耗的原因而无法"大展拳脚"，但在 5G 网络的支持下，将使得智能机器人的使用更加如鱼得水。

在物流仓储环境中，5G 作为人工智能在物流领域应用的数据传输渠道，机器人硬件设备则作为数据通信的载体和"执行者"，在二者的相互协同下，使得机器人硬件能够更好、更快地传输数据信息，并高效、精准执行相关搬运、分拣任务，最终实现仓储环境的智能化。

场景四：实现工业级物流监控

将 5G 网络技术应用于工业级物流领域，基于 5G 的高速度、低时延特点，在工业级的智能监控中可以以稳定的带宽，将运输和仓储过程中出现的问题，通过视频或图像数据等形式及时传回到后台数据中心。这与传统物流监控相比，传输速度更加高效，而且更加智能化。

工业级物流监控，其实很多时候是为了实现物流信息的共享。所以该系统总体上由终端数据采集、数据库管理、GPS 共享信息平台、监控分析查询等模块组成。将 5G 融入工业级物流监控当中，大量硬件终端可以无缝接入信息平台中，同时可以随意剔除和变更，形成一体化监控体系。如果监测到原定运输轨迹的某一路段发生大雾、大雪、山体滑坡、交通事故等，物流节点上的运输人员，可以第一时间通过信息共享平台发出的远程指令及时变更运输轨迹。当然，物流总部不但可以查看物品的物流运输轨迹信息，还可以监控物品状况。这样可以保证货物能够安全、及时到达客户手中，给客户带来更好的服务体验。

目前，就技术而言，5G 已经完全能够满足工业级物流监控的需求。但缺乏相应政策扶持，而且在资源投入上也需要注入更多的资金，这样才能在真正意义上实现工业级物流监控。

总之，新一代智慧物流更多强调的是信息流与物质流的快速、高效、通畅的运转，从而降低物流成本，提高物流效率，实现资源高效整合的目的。5G 技术将会为智慧物流的发展带来更多的优越性。未来，随着 5G 技术商用的全面推进，物流行业将会以全新的面貌为企业、个人提供更高质量、更加智慧的物流服务。

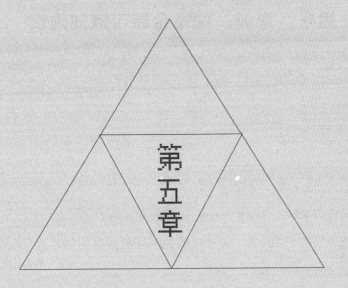

第五章

5G 为娱乐与媒体插上
腾飞的翅膀

如今，消费者对于娱乐和媒体的消费体验提出了更高的要求。高速率、无卡顿成为最突出的消费需求。很多时候，消费者在玩在线游戏、看超高清电视时，会因为网速问题而影响使用体验，这是让很多消费者感到头疼的事情。5G 网络技术将会以更快的网络速度，更低的时延性等，为娱乐与媒体行业赋能，为娱乐与媒体行业的高速发展插上腾飞的翅膀。

▶ 5G+ 娱乐、媒体，增添全新可触知维度

5G 应用落地，最直接相关联的是媒体和娱乐产业。英特尔《5G 娱乐经济报告》中讲道："未来 10 年，5G 将给全球传媒和娱乐产业带来 1.3 万亿美元的新营收机会。5G 将不可避免地颠覆传媒和娱乐产业前景。"

的确，2019 年以来，"5G"作为一项移动通信技术，其概念被广泛提及。而文化媒体作为一个典型的供给驱动型行业，需要全新技术的推动，才能得到更好、更快的发展。5G 融入娱乐、媒体行业，带来的不仅是"速度"，还有全新的商业模式和体验模式，而且内容与受众之间的距离也被大幅缩短，同时还给消费者带来了全新的媒体连接方式，增添了更多全新且可触知的维度。

5G+VR：沉浸式体验带来娱乐新活力

在电影院观看影片的时候，如果我们戴上一副 3D 眼镜，仿佛影片中的场景具备了强烈的立体感，呈现在我们面前，让我们获得很好的沉浸式体验。

如今，有一种足不出户，在家就能获得相同的，甚至更好的沉浸式体验的工具，那就是 VR 眼镜。戴上它，你能感受到眼前的画面具有明显的高低维度，更具现场感，甚至比自己身处豪华影厅看 3D 电影还能让人有身临其境之感。

　　然而，这一设备背后的真正"支持者"，就是 5G 网络技术。换句话说，获得这种身临其境般的沉浸感，关键就是靠 5G 网络连接得以实现的。因为沉浸式体验的实现，需要具备一些因素：

　　高速传播和更快的链接、移动无线 XR[1]、传感器、人工智能、眼球追踪摄像头、手势识别等。而高速传播和更快的链接能够通过 5G 技术实现。

　　我们可以想象，当我们骑上 5G+VR 动感单车，戴上 VR 眼镜时，眼前和脚下掠过的高山、平地、丘陵、河流组成了我们"疾驰在路上"最美的风景。虽然是原地蹬车，却仿佛已经骑行万里。这些得益于 5G 网络的传输带宽和速率，使得 VR 眼镜能够随时响应指令，为人们带来逼真的虚拟现实体验。

　　同样，当我们戴上 VR 头盔进行游戏时，瞬间将我们带入了一个可以交互的虚拟场景。在这里，射击、闪躲、投掷、跳跃等一系列游戏动作都令人感到无不逼真，现实中的人仿佛与虚拟世界融为一体，我们也因此而变身成为了超级玩家。

　　再如，当你在故宫旅游时，你再也不需要排队拼团等待讲解员，也无须租赁讲解器，通过数字画屏、AR 手持终端、5G 手机，你就可以将 5G 手机对准历史文图、名人画作等进行扫描，这时与文物古迹、名人画作相对应的介绍信息，就会栩栩如生地呈现在你的面前。5G 与 AR 结合，使得名作、文物、历史"会说话"，使你轻松拥有了"掌中移动讲解员"。

　　5G 在虚拟现实领域的应用，除了涉及娱乐领域之外，还在健康医疗、教育、军事、生产等领域有十分广泛的应用。比如，一个消防员要进入建筑中救火，他戴的 XR 设备要具备联网功能，同时还要有眼球追

---

❶　XR：即扩展现实，包括 AR（增强现实）、VR（虚拟现实）、MR（混合现实）。

踪摄像头来显示他看到的情况，以及其他通信功能来协助他完成救火任务，如显示起火房间的温度、房间内有几个人需要被营救，或者看到更远的楼道里有人正在呼救等。

可见，这种沉浸式体验不但能给人带来更加美好、愉悦的心情，还能给人畅快的游戏氛围，更能最大限度降低经济损失、保证人身安全。而 5G 作为一项更高阶的移动通信技术，其轮廓越来越清晰，商用规模越来越逼近。因此，在 5G 的推动下，这种沉浸式体验未来将更多地融入我们的生活，给我们的生活带来更多的欢乐和愉悦、安全和能效。

据赛迪顾问市场调查机构预测，到 2021 年，5G 大面积商用之际，我国仅虚拟现实市场规模就可以达到 544.5 亿元，年复合增长率达 95.2%。

从这一庞大的数字中，我们可以看出，仅作为虚拟现实技术领域，就能在 5G 技术的推动下带来如此大的经济效益，可见沉浸式体验在未来的发展前景不可估量。

未来，5G 在沉浸式体验领域，将给用户带来更加彻底的革命性无线新体验。而这种沉浸式体验也会随着 5G 商用的普及，而成为一种娱乐流行趋势，甚至成为人们生活中必不可少的一部分。

5G+ 直播：带来现场级的观看体验

直播是近几年大火的新兴产业，凭借其能够和观众实时互动、成本低且效果好、不受地域限制等特点，在媒体行业的发展中呈现出欣欣向荣的景象。

即便直播成为了各领域的一项获利新工具，受到人们极大的青睐，但其在发展过程中也存在一些阻碍。

卡顿：由于网络传输速度有限，带宽不够高，人们在观看直播的时候，经常会出现卡顿现象，降低了用户的观看体验。

延时：在当前的 4G 网络条件下，PC 端延时大概为 2 ~ 3 秒，移动端延时大概为 15 ~ 25 秒。因此，我们经常会发现在新闻联播直播间内，主持人连接海外记者的时候，一方发起提问，另一方过了一阵才能予以回应，中间会有一段空白期，看上去略显尴尬。

掉线：直播过程中出现掉线情况也是常态，这主要是因为网络不稳定而引起的数据终端丢失造成的。

以上出现的三方面弊端，可以说是当前直播发展过程中遇到的亟待解决的瓶颈。

5G 应用于直播领域，则这些弊端能够迎刃而解。5G+ 直播，为直播领域带来全新的发展机遇和发展前景。

5G+ 直播，其实就是传统电视节目、在线赛事、远程教育等直播内容，在接入 5G 网络技术之后，呈现出更加清晰的画面、更加流畅的视觉体验，给观众带来身临其境的感觉。

2019 年 8 月 28 日，北京体育大学北体传媒和北京联通合作，共同打造了国内首次利用"5G+8K+5.1 环绕声"进行一场赛事直播。

该项直播的内容是 2019"丝路杯"国际女子冰球联赛首站比赛。整个直播过程中，将 5.1 环绕声嵌入 8K 直播中，真实还原了赛场上冰球与球杆的猛烈撞击声和运动员的呐喊声，甚至在镜头切换到运动员的脸部进行特写时，就连她们的睫毛，观众都能看得清清楚楚。

正所谓"没有对比，就没有伤害。"8K 大屏与普通电视相比，观众即便站在大屏前面也不会产生眩晕感，因为即便如此近距离观看，也不会看到任何颗粒。再加上 5G 网络，彻底满足了 8K 高带宽、低延迟的传输需求。因此，整个赛事直播的高分辨率、逼真的成像还原、全沉浸式的临场感觉、近距离观看的舒适感，使得观众有如置身火爆激烈的赛场内一般。

5G 赋能直播，使得直播的丰富度、清晰度、流畅度等方面获得了极大的改善，不但为直播行业的发展增添了新的生命力，还为媒体行业的发展带来了巨大的变革。除此以外，医疗、教育、警务等垂直领域的商用场景，也在 5G+ 直播全新模式下，迎来了全新发展机会。

拿教育行业来说。5G+ 直播，应用于教育行业，与以往的远程教育相比，少了卡顿、延迟、视频画质低的缺陷，更多了犹如面对面沟通的实时互动体验。

总而言之，5G 网络技术，较 4G 网络有十分显著的优势：高速度、泛在网、低时延。因此在 5G 时代，只要在手机上连接摄像头，就能随时随地进行直播，以往的卡顿、延时、掉线现象将不复存在。这就让直播的门槛和成本变得很低，会有很多人被吸引进入直播行业，让直播行业涉足更加广泛的领域。

5G+ 视频：开启智能媒体新时代

人们在忙碌了一天的工作，回到家休息的时候，往往喜欢打开电视机看自己喜欢的综艺节目和电视剧、新闻，这已经成为很多上班族缓解疲劳、给身心带来愉悦的一种重要方式。

随着 5G 时代的来临，人们对云计算、物联网、VR 等前沿技术在影视中的应用充满了期待，因为那些炫酷、流畅、画面立体感十足的电视节目给人们带来的全新视听感受，是以往所无法比拟的。

相比于以往的黑白电视机年代，观众可选择的电视节目比较单一，视频制作的技术也相对落后。时代在进步，电视机也在不断更新换代，而各种新技术，如人工智能、VR、AR 等技术应用其中，使得影视节目的制作更加具有时代感。

如今，5G 在各领域的应用大放异彩。而最明显的一点，就是视频下载及播放的网速得到了突破。这样，除了播出时长大约 45 分钟的综艺节目、电视剧、新闻等长视频外，各种短视频，如抖音、快手等应用比 4G 网络时代有更好的发展。

在 5G 时代，异地远程协同工作成为一种常态，剪辑师和录音师在指导工作的时候，可以借助 5G 的低时延、高稳定性，进行视频及数据资料的分享和传输，有利于缩短视频内容制作的周期。人类获取信息 83% 都是通过视频来获取的，在 5G、VR、AR 技术的支持下，观众通过视频获取信息时，将会获得更多包含虚拟现实内容的沉浸式体验。

封面新闻可以说是积极跨入 5G+ 视频领域探索的先行者。在与中国移动的合作下，封面新闻开展了 5G 智媒体视频实验室。该实验室的主要研发方向是云视频直播、VR 应用、媒体云应用、高清微纪录片、人工语音播报合成新闻视频、人与视频互动等。

2019 年 3 月份开两会期间，封面新闻联合中国移动打造了全国两会 5G 直播间。封面新闻启用虚拟演播室系统，运用抠像、跟踪、三维建模、渲染等技术，对汶马高速、白鹤滩水电站等四川重大民生工程的实时状况，借助 5G 网络，以数字视频的形式传回到。之后，5G 智媒体视频实验室再对数字视频内容进行快速 3D 建模,并将其与在演播室中播报新闻的主播结合在一起,使得图像滚动和主播主持同步进行,制作成虚拟混合现实视频。

封面新闻在 5G+ 视频方面小试牛刀,却初见成效,给观众带来不一样的视觉感受。

我们相信,随着 5G 网络技术的商用落地,再加上相关软硬件结合的终端产品的出现,更多的像封面新闻这样的视频化媒体将实现战略转型。在 5G 背景下,视频媒体的新场景、新业务,将迎来一个全新的智能媒体时代。

▶ 5G 加持，娱乐、媒体产业未来 3 大趋势

在 5G、VR 等前沿技术的加持下，娱乐、媒体产业的发展逐渐抛弃了原来的老旧模式，转而求新求变，给人们带来了更加新奇而又有冲击力的娱乐、媒体体验。"日新月异"这个词完全可以用来形容未来娱乐、媒体产业的发展状况。可以预见，在 5G 网络技术的加持下，娱乐、媒体产业在未来将呈现出 5 大趋势。

5G 将扩展传媒产业体量

娱乐、媒体行业的每一次升级都与技术的进步有关，而每一次升级又给消费者带来了更优质的体验，同时还催生出了新的市场空间。在 5G 之前，移动通信技术的发展，就分别拓展出了文字、图片、游戏、视频的应用，在娱乐、媒体领域诞生了无数巨头公司。

而 5G 时代，较以往任何一个移动通信技术时代，都有明显的优势，高速度、低时延、高带宽、多连接的特点，使得娱乐、媒体的发展突破以往的局限性，而随着终端数量的增加、产业技术的进步，将逐渐承载海量应用。

随着 5G 与 VR、直播、视频等技术相结合，并应用于娱乐、媒体行业，将催生出更多的应用场景。5G 在娱乐、媒体行业的商用，能大幅改善屏显的时延性，提升图像渲染能力、显示能力，减少眩晕等不良体验。通过与云端的结合，不但能增强设备的移动性，还能将降低视频设备成本，

从而扩大用户群体，有效提高整个娱乐、媒体行业的市场规模。

据英特尔公司完成的《5G娱乐经济报告》的预测数据显示："2019～2028年，全球媒体和娱乐厂商将有机会从无线网络获得总计近3万亿美元营收，其中近一半（约1.3万亿美元）营收机会是从5G网络获得的。"

英特尔给出的这组数据，充分说明5G在娱乐、媒体行业的商用，市场潜力巨大。

未来，电信业与媒体整合也将成为一种必然趋势，5G将为娱乐、媒体产业带来巨大的商机。在全新的体验模式下，必将给娱乐、媒体行业带来更多的新客户，进而推出更新的商业模式，实现娱乐、媒体行业的良性发展。这样，基于5G支持的娱乐、媒体行业，其产业体量必将得到显著扩展。

5G将提供娱乐、媒体交互新方式

5G技术的出现，使得VR能够更好地发挥其专长。通过虚拟物品、虚拟人物、虚拟画面等方式，给人们带来了全新的娱乐、媒体交互方式。再加上AR技术、3D技术应用于娱乐、媒体行业，使得整个行业的内容生态变得更加丰富化、多元化。从这一方面来看，娱乐、媒体行业无疑又找到了挖掘市场潜力的新切入点。

据相关数据显示："预计在2021～2028年，5G技术将极大地促进VR/AR技术在娱乐、媒体领域的应用程序开发，这些应用程序将创造超过1400亿美元的累计收入，并迅速成长为一个触达消费者的全新娱乐、媒体渠道。"

　　拿游戏来讲，网游是人们常用的休闲娱乐方式，以往的游戏画面是二维的，缺乏真实感。如今，随着 3D 技术的应用，游戏画面呈现出三维的特点，这样立体感十足的画面，能够给玩家带来更加真实的游戏体验。但在 4G 网络条件下，游戏过程中出现卡顿、掉线的情况时有发生，玩家不能畅玩游戏世界。

　　5G 网络应用于网游当中，一切都变得大不相同。王者荣耀再不会出现"网络 460"的情况，游戏速度提高了 100 倍，游戏玩家的体验将会大幅提升。再加上与 VR、云计算技术的融合，高响应触觉以及无鼠标、键盘、手柄的游戏，使得玩家之间交互的方式发生了巨大的改变。这样，近乎科幻的娱乐、媒体新模式，实现了跨越式发展，无疑是娱乐、媒体发展史上一场巨大的变革。

5G 赋能数字广告市场

　　5G 除了在娱乐、媒体领域的电视及视频传输方面表现出强大的优越性之外，还对数字媒体广告的发展了产生深远影响。5G 赋能数字广告市场，无疑是数字广告的下一个前沿。如图 5-1 所示：

图 5-1　5G 给数字广告市场带来的改变

1.5G 增加广告曝光与点击

　　5G 并不仅仅是 4G 的升级，从广告角度来看，还是帮助品牌全面与消费者建立联系的桥梁。在 5G 网络的连接下，用户信息与需求的匹配度将大幅提升，同时还能有效降低广告成本，使得更多的广告出现在人们的视野里。5G 还将更好地处理这种视频文件的实时交换，这为广告商提供了很好的发展机会。再加上 VR/AR 技术的应用，创造出了更多身临其境的广告体验方法。这样就使得用户从最初的对冗长广告的厌恶逐渐转为对身临其境、短时间播放的数字广告的喜爱。因此，广告的曝光和点击数量就会大量增加。

2. 从"被动接受"到"双向沟通"

一直以来，人们对于广告信息，都是在被动、无奈中接收的。随着 5G 时代的到来，信息渠道拓宽，数字广告播放形式也发生了巨大变化，一种"双向互动"的广告模式出现。

例如，爱奇艺推出偶像题材互动剧《他的微笑》、腾讯视频推出的《古董局中局之佛头起源》等。Bilibili 也推出了互动视频这一功能，视频中正在播出烤鸡翅的做法，并提问用户夏天烈日炎炎，不想做饭的时候，最想点的外卖是哪一项：A. 芝士排骨；B.Peri-Peri 辣烤鸡翅；C. 撸串喝啤酒；D. 鸡皮串烧。通过这样的双向互动式广告，再将具有高速度、低时延特性的 5G 网络技术应用其中，可以使得用户对品牌方的提问给予及时、快速的相应，并使得用户与品牌之间建立起良好的情感共鸣关系。这样，以往的"被动接受"广告模式就成为了"双向沟通"模式。

总体来讲，未来，5G 将在各领域商用之际，媒体广告也会因为 5G 赋能，而变得更加丰富化、多元化、个性化，在视听娱乐方面的竞争也会变得更加激烈。

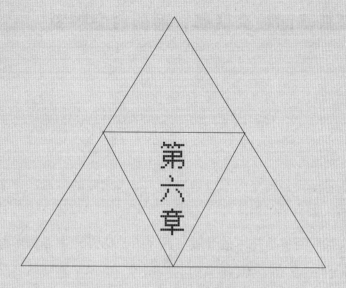

第六章

5G 改变社交格局，创新社交体验

随着时代的发展，移动通信技术的进步给我们带来的巨大变化，主要体现在社交上。自从第一代移动通信技术出现至今，就一步步拉近了人与人之间的距离，即便相隔千里，也能闻其声、见其人。尤其是进入 5G 时代，随着 5G 智能手机以及其他前沿技术的应用，使得人们的社交方式发生彻底改变，新的社交时代，创新社交体验将呈现出自己的一番色彩。

▶ 5G 带来移动社交变革，颠覆时空限制

在互联网时代，社交的本质是实现人与人之间的沟通、分享，从而表达自我的生存状态和价值。

每一次互联网传输技术的升级，都会给社交媒介生态带来或多或少的变化。基于 2G、3G、4G 不同的通信技术，出现了不同的社交媒介。尤其是智能手机和移动互联网的普及，使得社交媒介的形式多样化，并且越来越丰富。用户可以随时随地评论热点时事，在社交平台上分享生活点滴，极大地满足了广大用户表达自我和了解实际情况的欲望。

随着大数据、云计算、人工智能等前沿技术的出现和应用，使得人类生活进入了智能化时代。5G 成为这个智能化时代的重要技术力量。同时，5G 也代表着新一代移动通信技术的发展方向，是未来新一代信息基础建设的重要组成部分。

5G 网络具有极速传播、超低延时、超高稳定性的特点，这为社交设备传输信息提供了更加可靠的数据传输基础。基于 5G 技术，将颠覆现有社交形态和体验，带来移动社交变革，形成最新颖、最炫酷的社交方式。

5G+全息电话：实现近乎面对面的交互

当前，在一些大企业当中，远程视频会议已经比教流行。因为这种开会模式，省去了公司领导路上颠簸的不便，节省了路上旅途的时间，

能够让公司领导有更多的时间和精力放在更加重要的事情上。

但是，对于一些中小微企业，这种远程视频会议模式还并没有得到普及，它们大多数采用的是微信多人视频通话。

与微信多人视频通话相比，远程视频会议的最重要特点就是二维图像＋声音的显示方式。但其缺点就是，与面对面的交流方式相比，视觉效果还差很多。

进入 5G 时代，随着终端设备成本的不断降低、网络传输速度的不断提升，一种全新的视频会议模式——全息影像远程会议模式，就此应运而生。

全息影像，即是利用光的干涉和衍射原理，记录并再现物体真实三维图像的技术。简单来讲，全息影像就是让对方看到一个立体感十足的虚拟人物，其动作和表情宛若真人一般，与 VR 相比，全息影像的人物建模更加逼真。

华为 Wireless X Labs（无线应用场景实验室）对全息影像进行的研究表明，不同的全息影像级别网络的需求是有很大区别的，对于入门级体验，280×720 的分辨率，需要 86Mb/s 的速率，而要想达到 3840×2160 的分辨率那样的极致体验，需要的相应速率要达到 1.61Gb/s。显然，全息影像体验越逼真，对网络提出的要求就更高。

5G 网络的速率最高能够达到 100Gb/s，完全可以满足不同体验感受的全息影像的网络需求。在 5G 商用之际，全息影像远程会议模式，逐渐成为流行和标配。这种传输模式中，沟通的双方能够看到对方的全貌，就好像真人坐在面前一样，而不是一个固定位置的摄像头拍出来的画面。参与会议的所有人都好像身处同一间会议室，在面对面交流。

当然，这种全息影像远程交流模式，不但适用于企业，在个人生活中也将得到进一步普及。在很早以前，我们是通过写信的方式与远在他乡的亲人、朋友或恋人联络感情；后来有了电话之后，就换作了有线电话。再后来有了手机和无线网络之后，打电话和发短信成为了最潮流和先进的信息交流方式。如今，进入 4G 时代，随着视频通话技术的出现，微信视频又成为了主流。5G 时代，全息影像通话将全面取代视频通话，成为人们社交的"新宠"。

届时，相距千里，许久不见的亲人、朋友、恋人，完全可以不用以往"煲电话粥"、微信语音或视频的方式聊天了。通过这项技术进行问候、聊天，就像是和"本尊"面对面聊天一般，一颦一笑、行为举止，都十分逼真。

有了全息影像，远在他乡长期出差的爸爸，可以通过全息影像通话与女儿做游戏，再也不用担心与女儿长时间分开而生疏；分隔两地的恋人，也可以享受彼此全身心的陪伴，而不再受限于一个小小的手机屏幕。

5G+VR：将人类社交发展推向新高潮

互联网仿佛重新定义了人类进步的时间坐标。几乎每隔 10 年，都会有全新的移动通信技术出现，并以巨大的力量冲击着我们的大脑。从 20 世纪 90 年代的 GSM 到即将全面进入商用阶段的 5G，移动通信技术发展的脚步越来越快。这一切让人觉得一夜之间，所有发生的事情恍如隔世。

移动通信技术发展到 3G 时代，图像开始成为人们之间相互交流的主流内容，不过这时候的图像交流还具有明显的局限性。进入 5G 时代，VR 技术在社交领域的"本领"得以很好地施展。可以说，VR 要想发挥它的巨大威力，一定要在 5G 环境下才可以实现。因此，5G 的诞生和商用，就是及时雨。5G+VR 在社交领域的应用，彻底颠覆了人们对传统社交模式的认知。因为它直接超越了现有的，如微信视频的社交模式，而是给用户带来全方位、多维度的社交体验。如图 5-2 所示：

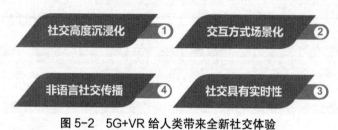

图 5-2　5G+VR 给人类带来全新社交体验

1. 社交高度沉浸化

当前，人与人之间的社交，是隔着终端屏幕进行的。但进入 5G 时代，社交方式更进一步，人们带上 VR 头盔这样的交互设备，就完全进入一个虚拟环境中，交互双方都成为虚拟环境中的一员，并且每个人可以在这个虚拟环境中进行互动。无论是交互的虚拟环境，还是人们的互动行为，都像是在现实世界中一样。使用 VR 头盔进行社交的用户，其听觉和视觉被封闭了起来，因此他们能够全身心地投入其中，获得身临其境的社交体验。

2. 交互方式场景化

当前，社交形式仅限于文本、图片、音频、视频等，人们无论是进行沟通还是分享，都只能通过这几种形式来实现。

然而，5G+VR 应用于社交当中，能够使得人与人之间的社交真正像在游戏活动、娱乐消遣中建立彼此的认知和社会关系。这样，相较以往的社交形式，5G+VR 使得社交形式更加多元化，而且场景化的特点则在社交过程中更加凸显。场景化是 5G+VR 在社交领域发展的一个新高度。

3. 社交具有实时性

当前人们进行社交的时候，无论文字、图片，还是语音、视频，都存在一定的延迟性，发出的信息在一段时间之后才能被对方接收到，这样就没有办法还原当时当刻的情景。

在 5G+VR 应用于社交领域之后，5G 高速度、低时延的特点，使得信息能够在社交双方之间极速穿梭。另外，在社交过程中融入 VR 技术，可以使得虚拟世界能够达到与现实世界交往相同的感觉。比如用户在户外运动时，设备会捕捉、跟踪到一些更加细微的变化，借助 5G 的力量，可以将现实世界的事实变化场景在虚拟世界里快速输出。这样，身处虚拟世界的信息接收者，就能获得更具实效性的信息内容。

4. 非语言社交传播

我们在交流的过程中，不一定非要用语言才能表达出自己想要表达的意思，才能让对方明白自己想要表达的内容。因为有时候，一个细微的表情、一个眼神、一个简单的手势、一个身体姿势，就能够向对方传递出自己内心的想法。事实上，在人际交流中，70% 是靠举止动作完成的，而 30% 是靠语言来实现的。这也就意味着，当前的文字、图片、语音、视频的社交方式，只是一小部分社交功能，无法实现用行为举止进行的社交传播。

5G+VR 应用于社交后，人的面部细微变化、身体姿势、动作等，都可以被实时捕捉并呈现在虚拟社交场景中。这是对现有社交功能缺陷的一种补充。

5G+VR 在社交领域的应用场景让我们充满了想象和期待。但 VR 并不是完全百分之百的复制现实，它能够给用户提供更加自由、可控的空间，这些空间很多是现实生活中所无法达到的。例如，在太空或者月球等梦幻场景中，和朋友一起唱歌、玩游戏；在撒哈拉沙漠中，和好友一起喝咖啡……只要想去的地方，都可以通过 VR 来创造并去体验。VR 设计并不是一成不变地对线下生活的一种复制，它的存在在于为用户的生活、社交提供更多的可能性。

总之，5G+VR，是对现有线上社交的一次升级换代。在这种全新模式下，为人们打造了一个全新的、可以与现实相媲美的社交世界。其实，5G+VR 使社交真正实现了"在场社交"，使远距离用户能够被连接到同一个空间中，实现"在场"沟通。这是以往任何一代移动通信技术、以往任何社交软件都无法实现的。也正是 5G+VR，将人类社交的发展推向了新高潮。

5G+ 视频：真实还原社交关系

回顾过去的几年，整个社会借助移动互联网形成的商业模式，绝大多数都构建在社交关系的基础上。微信、微博等，无论是通过文字，还是图片，都是基于人与人的社交关系实现的。

当前，很多年轻人喜欢在闲暇的时候刷抖音、刷快手等短视频，用时下互联网领域一句非常流行的网络表述"无视频，不生活"一样，短视频已经成为人们生活中不可分割的一部分。而视频化内容也成为当前人们进行娱乐和打发碎片化时间的重要方式。尤其是短视频，对人们生活的影响无处不在，人们无论在聚餐、旅游，还是工作、生活之余，都会将相关场景中拍摄的一小段视频分享到自己的朋友圈。

可以说，短视频在发展初期，是为了满足人们纯娱乐的需求。然而，随着用户需求发生了改变，短视频的功能也随之改变，其主要功能上升为向他人传递价值、彰显自我、体现生活等方面。这样，短视频就被赋予了一定的社交属性。

目前，全球范围内掀起了一场 5G 建设大潮，与人们息息相关的生活场景，也都与 5G 的应用密不可分。此外，5G 给社交也带来了重大的变化。5G 时代，社交模式将走向何方？ 5G+ 视频则成为一种全新的社交模式。

5G 的出现，真正帮人们实现了随时随地分享视频的愿望，从快手、微视、抖音三大短视频平台来看，年轻用户对视频内容的需求量是极大的，这充分体现出年轻用户对社交需求的多样化、个性化特点，而不是局限于以往的文字、图片、语音交互。可以说，在 5G 网络环境下，5G+ 视频的全新社交模式，不但能够因为视频的娱乐性特点使得熟人之间的社交无压力，还能因为视频的情感化内容而使得人与人之间的社交变得有温度，能够有效帮助用户缓解日益沉重的社交压力，找回日渐疏远的亲密关系。因此，5G+ 视频的社交模式，使得真实社交关系的还原成为可能。

为此，很多业内、非业内企业看到了其中蕴含的巨大红利，开始在 5G+ 视频的社交模式上下功夫。

例如，抖音推出的面向年轻人的视频社交软件——多闪。多闪分为三个模块：消息列表、随拍、世界，主要是为了帮助用户没有压力地记录生活中的点点滴滴。

多闪主要有以下几个特色功能：

■ 独家特效和贴纸：无论变萌、变丑、变好看都能随心所欲，用户可以在千变万化中放飞自我。

■ 视频以好友关系聚合：内容以人聚合，省去了刷屏的烦恼。

■ 没有公开社交场景：在多闪内，没有公开社交场景，社交都是发私信。

■ 有事，在小视频说：朋友直接聊天，都是通过小视频完成的，告诉对方自己在做什么、玩什么、自己的世界发生了什么。

■ 输入文字自动联想表情包：海量表情包能够满足用户更多的情感和态度表达，有效丰富对话内容。

多闪，是 5G 时代视频表达普及以及视频和社交相结合下的产物。多闪的问世，显然是以视频为切入点，面向年轻人需求，在社交领域进行的布局。多闪的出现，有以下两点原因：

一方面，根据相关数据显示，抖音在国内的日活跃用户数量超过2.5 亿，国内月活跃用户数量超过了 5 亿，已经成为了一个聚集了庞大用户的产品。而根据用户调查数据显示：越来越多的用户在拍摄完视频之后，会将视频分发给自己的好友。这样，每天都有大量用户围绕抖音上的短视频，在社交平台上进行分享、讨论。正是基于用户的社交需求，所以才有了研发多闪的动力。

另一方面，目前人们使用的主流社交产品，绝大多数发端于 3G 时代，仍然是以图文的信息作为主要载体。当前，5G 时代已然来临，视频将成为一种全新的社交信息载体，社交行业将发生巨大的变化。人与人之间的交流，声音、表情的传递越完整，人们获得的聊天体验也就越好。

从这两方面来看，多闪的出现是抓住了用户在社交需求方面的新痛点，是顺应了用户社交视频化、视觉化的沟通诉求。

多闪只是迎合 5G 来临和用户新社交需求应用于社交领域的一个代表。未来几年，随着 5G、短视频和社交媒体的融合，再加上流量变现、内容变现，将会带来更多的用户，这将吸引更多的基于"5G+ 短视频"的社交平台出现。届时，短视频行业将会在 5G 的推动下迎来更大的商机，将为社交媒体贡献很多原创内容和更强的用户黏性，未来 5G+ 视频有望成为社交领域的下一个风口。

▶ 5G 信息网络，重塑人际交互方式

移动通信技术的发展，先后经历了五代。如今，5G 时代已经来临，5G 信息网络也逐渐被应用到各行各业，对于满足智能终端及创新移动通信服务，起到了重要的促进作用。同时，也进一步满足用户多重的沟通需求，使得人际关系实现了重塑。

全连接传播，实现最短途、最高效交互

5G 作为第五代移动通信技术，较以往任何一个移动通信技术时代，具有很多优势。

一方面，5G 不仅具有高速度、大带宽、低功耗和高可靠性，能够为用户提供更多的智能网络服务，而且 5G 与数字化、网络化、智能化技术，如大数据、云计算、物联网、区块链、人工智能等技术相结合，可以实现所有终端的连接、所有人的连接、所有资金的连接、所有数据的连接。除此以外，5G 还可以实现所有环节、所有过程、所有时空节点的连接。

另一方面，5G 网络的覆盖能力更强，从而保证了用户在移动过程中和热点区域内数据传输的高度、连续和无缝体验，极大地提升了信息传输能力。

这两方面的优势，是以往任何一个移动通信技术时代所无法实现的。

人类社会的所有资源都可以被数字化，并被作为数据进行传输与传播。在 5G 的作用下，实现了全连接传播。

这种全连接传播，不但实现了物与物、人与人的连接，还实现了物与人的连接，并形成了如影随形的共生共存关系。这种关系，并不像以往的以固态信息流动而连接起来的信息关系那样简单，也不像移动互联网时代人与人之间的交往关系那样纯粹，而是一种更加趋于复杂化的连接关系。简单来说，就是一种全新的人与物、物与物、人与人的关系。总之，就是构建了一种人与世界万物之间的全新关系。

可以说，5G 能够在更大程度上给人与人之间的社交、交互方式带来巨大变革。由于这种全连接传播，使得任何一个与社交交互的设备、人、数据等都能通过 5G 网络连接在一起，这样人们在进行社交的时候，就能有效拉近人与人之间、设备与设备之间的距离，实现最短途、最高效的信息交互和交换。

全时空传播，信息传播无时、无处不在

人类的发展史，其实本质上就是人与内在精神世界、外在物质世界的连接史。人类社会本身就是众多人组织、连接起来形成的网络，在人与人的相互连接和相互交集的过程中，就必然会产生物、财、信息的流动与连接。

在人类发展史中，存在的最大绊脚石，就是无法突破时间和空间阻碍。人类社会早期，人们通过结绳记事的方法记录并传递信息；再后来，采用身体语言、口口相传的方式来传递信息；之后，印刷术、电子媒体相继出现，给人们带来了更加多样化的信息传递方式。

如今，信息大爆炸时代，信息量猛增，人与人、人与外界自然世

界、人与内在精神世界的交往与互动，更需要打破时间和空间限制。时间障碍，最大的问题在于时延问题；空间障碍，最大的问题在于触达范围问题。

其实，人类在突破信息传播的时空问题上，从来没有停歇过。对信息传播技术的探索和创新，是人类寻求解决时空限制问题时的重要路径。

以移动通信技术来讲，随着人类在移动通信技术上的探索，先后经历了 1G、2G、3G、4G。随着技术的更新和迭代，通信系统的连接方式使得人类与外部世界的空间连接实现了前所未有的扩大。最早的只能语音的时代，进一步发展为文本时代、图片时代、视频时代。

5G 时代的来临，为我们带来了一个极富想象力和更高期待值的时代。在高速度、低时延、高带宽、高可靠、低功耗的特点下，5G 可以全面应用于更多的物联网场景中，为我们开启了一个万物互联的时代。

在这个万物互联的 5G 时代，无论个人、家庭还是组织，其海量终端设备，都以数字化、智能化的方式被连接在一起。一切自然物还是人工制造物都可能成为智能终端，人们之间在进行信息的收发和交往互动时，在全连接的作用下，构建了一个无时不在、无处不有的端到端生态系统。这样，无物不连接、无时不连接、无处不连接，将在很大程度上提升整个社会的连接能力。这又更好地释放了人、物、财、信息这四个方面的潜力，在实现全时空传播的过程中，为社会创造出更多的价值。

全现实传播，信息在人与虚拟世界完全对接

人们生活在一个信息无时无刻发出和传回的信息时代。

在现实世界里，人们在最早的时候，信息传递"基本靠吼"，然

而随着人口数量的增加，人口密集度提升，人们不得不扩大自己的栖息地，这样就拉开了人与人之间的距离。这时候，就给人与人之间的社交带来了地域上的限制。

随着人类社会的不断进步，人们不断寻求一种新方式和新途径，来解决远距离信息传输问题。因此，就有了随后出现的飞鸽传书、邮差送信。

科技的力量给我们带来的惊喜，是我们永远无法想象的。在第一代移动通信技术出现之后，人类的通信方式彻底发生了改变。随后，在经历了 2G、3G、4G 之后，人类通信突破了时间和空间限制，而且在实效性方面有了极大的提升。但在 3G 技术普及之前，人类社会的信息传播主要是人在现实世界的传播。

在当前的 4G 时代，尽管已经有了虚拟现实的概念与时间，但实现全现实（真实现实 + 虚拟现实）传播还是非常困难的。

如今，进入 5G 时代，人类将实现真实现实和虚拟现实连接，而且超高清 4K/8K 也会得到广泛应用。虚拟现实、增强现实、混合现实等沉浸式交互方式，使得人与虚拟世界完全对接，而且在智慧的万物互联的时代，现实世界与虚拟世界之间的界限将逐渐消除，并且最终实现了完全融合。在这样的交互环境下，以往认为人类不可能走进的"虚幻世界"，也将一步步走入我们的社交当中，使得信息在人与虚拟世界能够完全对接。

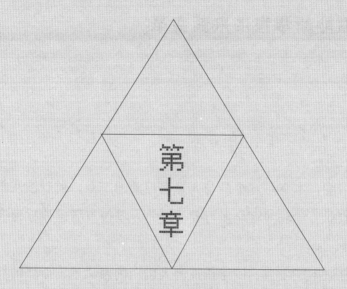

第七章

5G 拉动新零售行业发展革故鼎新

5G 商用落地，能够使人们更加近距离地通过自动驾驶、智能家居、智慧城市、智慧医疗等感受到 5G 给我们带来的美好生活。对于大众消费者而言，5G 带来的或许是更高的网络速度，但这只是冰山一角。站在商业角度来看，原有的一切都发生了巨变，给消费者带来的是更好的极致体验。当 5G 遇上新零售，将会擦出更多的火花，真正给我们带来全新的新零售时代。

▶ 5G 赋能新零售带来新变革

零售行业，本身是一个最与人息息相关的产业，前后涉及制造业、物流业、农业、车联网等众多行业。因此，零售市场也被称为经济盛衰的一面镜子。

随着互联网的发展，网络正成为人们新的聚集地，而任何有人的地方，就蕴含着潜在的商业机会。通过互联网平台技术，商家信息可以更容易触达不同地域的消费者，这是马云当时创造的"新零售"概念的原因。零售业拥抱网络，走线上、线下相结合的路线，才能全面挖掘隐藏在各个角落的潜在用户。因此，新零售的崛起成为必然。

新零售的本质是"体验式零售"。换句话说，就是持续地创造沉浸式客户体验，让客户与线上、线下的零售商店紧密联系，参与到搜索、评估、挑选商品、支付的全用户旅程。

在 5G 即将全面进入商用之际，给新零售带来巨大的变革，而且 5G 给新零售带来的改变将远远超过互联网、移动互联网。

日本总务省在 2019 年年初推出了一则短片：《连接 5G 以后的世界》。在视频中，消费者走进商店，随意选购商品并将其拿走，在出店的时候便完成了自动结算。整个消费过程简单、快捷、省时、省事。这才是真正的"拿了就走"。

5G 技术的切入，让新零售的发展并不止于此，当新零售遇上 5G，未来可期。

5G加速零售业实现数字化变革

零售业是一个十分古老的行业。

在交易购买方面，早在原始社会就有物物交换，由于物物交换存在一定的弊端，如大型物品携带不便、价值不对等。这时候就需要在价值上有一种统一的东西来衡量。因此，后来出现了贝壳、铜贝、铜块、铜锭、铜币、碎银、银锭、金锭、纸币。如今，支付环节变得更加便捷，消费者逛商超不用带钱都可以完成商品支付。刷卡支付、扫码支付进场，成为全新支付方式。

在店铺形式上，从最初的摆摊吆喝售卖，到实体店推荐，到网店消费者自由选购，再到新零售模式下的线下体验、线上购买。消费者逐渐从被动推荐购买，转为自由体验式消费。

当前，零售市场出现了许多新概念、新模式，如无人零售、共享货架等，尤其是无人零售，其全新的零售模式，给人们带来前所未有的新颖感。在这种零售业态下，有效降低了人力成本，提高了消费者购物的效率，而且还在体验和服务上获得了极大的提升。

无人零售作为一种新零售模式，是在移动支付和商品数字化的发展下得以实现的。这些数字化主要体现为以下几点。如图 7-1 所示：

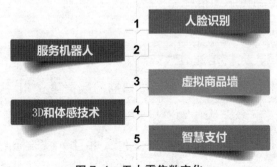

图 7-1　无人零售数字化

1. 人脸识别

人脸识别技术是新零售时代最具优势的技术之一。人脸识别产品安装在商超、门店等入口，对每天进出店铺的人数、年龄、性别等进行识别。将人脸识别产品安装在货架上，可以有效识别消费者的关注点和消费习惯。这项技术主要是通过收集消费者的相关数据信息，帮助零售店铺更加了解消费者的需求点，并以此建立用户画像。然后通过将用户画像传送到后端店员，帮助门店导购人员更加精准地推荐符合消费者需求和心理的商品，极大地提升了用户的购物体验。

2. 服务机器人

服务机器人是新零售业态中出现的又一创新。服务机器人在门店中担当商场导购、咨询服务的角色，为消费者提供更为贴心的私人购物助手服务。

拿导购机器人来讲，主要是借助视觉过滤技术，创造类似于游戏一样的情景，让消费者参与其中。然后根据给消费者拍照的图片，包括鞋子造型和纹理、鞋跟高度、小腿长度、腿型等数据进行有效分析。之后，再根据这些数据的分析结果，对消费者的购物选择进行预测，为其实时提出相关产品建议，推荐更加适合其身材以及更加与鞋子相匹配的裤子或裙子等定制化服饰搭配。

3. 虚拟商品墙

虚拟商品墙，同样是通过大数据、触控屏、3D 渲染技术打造而成。首先对所有实体商品进行扫描，通过扫描的数据建立 3D 模型。然后利用触控显示屏，采用多媒体技术，用动态的方式展现给消费者。消费者可以在触控显示屏上扫码下单购买并支付，并且可以选择店内提货或快递到家，消费者可以获得不一样的购物体验。

4. 3D和体感技术

在门店内摆放一台基于3D和体感技术打造的虚拟试衣镜。在技术上，虚拟试衣镜通过摄像头先采集消费者的身高、三围等数据，调整服装大小，再通过优化算法，使材质、大小更加逼真，与消费者真实试穿的贴合度更高。消费者可以不用再担心衣服颜色与自己肤色是否匹配、衣服适不适合自己穿，更重要的是省去了消费者试穿的麻烦，节省了购物时间，为消费者带来耳目一新的购物体验。

购搭是一家专注于虚拟试衣技术的企业，虚拟试衣是其核心业务。购搭与品牌门店合作，为其提供硬件设备智能试衣镜，为服装零售店提供更好地与消费者进行互动的方法，有效优化消费者的购物体验。

朗姿与购搭共同合作打造智慧门店，部分门店直接接入购搭墨镜导购硬件后，有效挖掘各地区消费者的不同服装购物偏好，实现试穿一件衣服获得全套穿搭的"智慧导购"，最终使朗姿门店的购买率有效提升了20%。

5. 智慧支付

智能手机的普及、移动支付的进场，使智慧支付成为了零售门店的标配。智慧支付通常借助文字、语音、视频三种方式引导消费者完成支付。在支付的过程中，为消费者提供扫码购、自助购、人脸识别等支付方式，实现了数字化收银与支付。

收银端作为线下实体商超购物环节中重要一环，能够实现更加便捷化、智能化的移动支付，是新零售时代的重点发展方向。物美始终致力于积极回应消费者需求，在科技上勇于创新，在传统人工收银通道的基础上，新增了多点扫码购、自助购、自助收银的移动支付手段。

顾客通过在触控显示屏的扫码窗口扫描商品添加入购物车，然后使用微信、支付宝、网银等方式进行线上支付，最后在指定出口通道的终端系统进行核销，则本次购物过程全部完成。

这种全新的支付方式，与传统人工收银相比，操作更加便捷，有效缩短顾客的结账排队时间。

以上五个场景，从进店→咨询→查看商品→试穿→支付，整个环节中，都离不开数字化、网络化。但在当前 4G 网络下，由于网速、时延、带宽等方面受限，所以每个环节中，都会因为网络问题而出现卡顿、掉线、死机等问题，这样虽然便捷、虽然新奇，但依旧会影响消费者的畅快体验，使得数字化零售的实现遇到一定的阻力。

5G 的出现，则使得当前的这些卡顿、掉线、死机等问题迎刃而解。消费者在这个购物过程中，实现精准、轻松、愉快、高效购物，更加速了整个新零售业态的数字化发展进程。

5G 赋能体验为王的新零售时代

几年来，移动互联网的蓬勃发展给传统零售业带来了巨大的挑战和全新的机遇。随着 3G、4G 等移动通信的发展，随身化、便捷化、智能化影响了人们的生产、生活，尤其是在购物方式上的改变，使得零售业从低迷中走出来，走向欣欣向荣的新零售时代。在移动通信技术进入 5G 时代之后，未来新零售会在大数据、云计算、人工智能、区块链等技术下，从数字化、智能化进一步升级，一个体验为王的全新新零售时代即将来临。

1. 移动端购物 App 享受随时随地购物

在移动互联网的普及下，PC 端购物已经成为一种过去式。移动端购物 App 上挑选、购买产品已经成为一种潮流和趋势。因为移动端购物，能够给消费者带来不一样的购物体验：消费者可以携带手机，在上下班挤公交、地铁的时候购物，也可以在旅途的汽车、火车上购物，也可以在等待入场看电影的时候购物，这样再也不用被"拴在"电脑前而无暇顾及其他事情，更重要的是既打发了闲暇无聊的时间，又解决了逛商场购买商品的问题。

5G 时代，这种移动端随时随地购物的方式则更受消费者青睐。因为，5G 具有高速度、低时延、高带宽、低功耗的特点，消费者拿着一台手机，就可以随时随地购物，再也不用担心自己所在的位置处于网络盲区没有信号，再也不用担心没有 WiFi，不用担心网速跟不上而错过最佳抢购、秒杀时机。

2. 5G+直播，给消费者带来一种全新购物体验

提到直播，在很多人眼中，就是与娱乐有关。但很多商家已经将直播运用在营销活动当中，使得直播成为一种带货工具。直播购物，成为当前一种十分潮流的购物方式。

随着 5G 技术的到来，使得 5G+ 直播成为新零售领域的一个巨大的风口。原因有以下两点：

（1）5G+直播创新购物模式

在 5G 网络技术的应用下，在直播过程中融入 VR 和 AR 技术，可以营造一种虚拟购物环境，让衣服码数、颜色等都能立刻展现在消费者眼前。

这种创新购物模式，使得线下直播、线上消费者"边看边买"的全新方式，无疑给消费者带来了一种不一样的享受和体验，即便是用户在

没有退出直播的情况下也可以对主播推荐的产品进行下单。这种方式毫无疑问是通过线下直播方式为线上引流，从而在增加观众基数的基础上提升消费转化率，有效提升了销量。

（2）5G+直播创新销售模式

传统的电商购物，往往是一种平面式的页面产品选择，这种网购方式往往给人一种看不见实物、不清楚使用或穿着效果的单调感，以及只能凭借购物评论和销量来衡量商品的质量。而单纯的线下实体店营销，却失去了庞大的线上消费群，这样势必会让销量减半。

借助 5G 网络，直播平台上销售产品，将线上和线下有效地结合起来，将原有的或是线上购物、或是线下消费带领到直播领域，使视频直播成为一种创新营销手段。更重要的是，能够让消费者更加快速、更加清晰、更加直观、更加流畅地了解产品细节，给他们提供更好的购物体验。

在当前这个"唯快不破"的时代，5G+直播，不但为门店品牌打开营销的新思路，还为消费者带来更加畅快的购物体验，可以说是新零售时代的"天作之合"。

▶ "人、货、场" 被 5G 赋能实现再造

新零售是这几年的热点词汇之一，随着盒马鲜生、苏宁小店等新零售 "物种" 纷纷落地，各种新体验的产生、新技术的应用，给更多的品牌商带来了全新的营销模式，给消费者带来了更好的极致体验。

然而，这并不是新零售与传统零售模式相比的仅有的特点，还体现在新零售对 "人、货、场" 的重构。如图 7-2 所示：

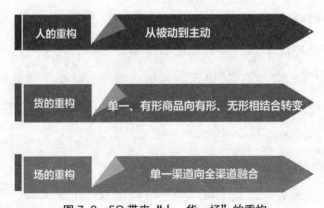

图 7-2　5G 带来 "人、货、场" 的重构

1. 人的重构：从被动到主动

传统零售模式下，消费者作为新零售中的主体——人，在购买产品的时候，往往是商家销售什么，自己就被动地去接受什么、购买什么。

如今，在新零售时代，消费者在整个消费环节中占据主导地位，一切厂商、商家产品的打造和销售，都是围绕消费者需求进行的。消费者

需要什么产品，需要满足什么样的情感需求，厂家就生产什么，商家就消费什么。

因此，消费者从以往的被动变为主动，即从"受品牌商引导到被动需求和单纯的商品购买者"转变为"从自身需求出发主动牵引品牌商进行研发生产的参与者"。

新零售时代之所以实现了人的重构，实现了消费者从被动到主动的变化，这是因为新零售时代消费者需求和购物行为的变化而导致的。新时代的消费者，追求的更多的是产品品质的精致化、细分化、个性化，更多需要的是产品与情感体验相结合。

因此，"人"成为了"货"和"场"的核心。

2. 货的重构：单一、有形商品向有形、无形相结合转变

以往，消费者花钱购买的只是产品本身。如今，新零售模式下，消费者花钱购买的除了产品以外，还有体验、服务、社交等这些无形的东西。而且就产品本身而言，也因为体验、服务、社交这些无形的东西而变得更加广泛起来，品类也更加细分化，而且原来的单一产品也逐渐向非标准化产品转变。

3. 场的重构：单一渠道向全渠道融合

传统零售模式，主要是通过单一的线上或线下渠道吸引消费者，并产生交易行为。新零售时代，线上、线下相结合，并形成优势互补。由此，线上、线下的渠道融合起来，使得消费者的消费旅程，包括搜索、比较、购买、支付、配送、售后，能够在实体门店、电商 PC 端、电商移动端及信息媒介全渠道中进行。简单来说，就是消费旅行的全流程中，线上、线下融合，使得消费者可以随意选择线上或线下进行，而且可以实现线上、线下自由切换。

新零售打通了线上、线下渠道相互对立的障碍，实现了无缝对接和全渠道融合，对整个新零售的"场"进行了重构，全面优化消费体验。

5G 时代来临，并应用于新零售领域，将会在"人、货、场"擦出更加灿烂的火花，为"人、货、场"赋予更高的附加价值，推动新零售的发展向更高一层进阶。

人：从视频求助向 VR 求助的转变

5G 时代，为我们带来了一个个性化、数字化消费的全新新零售时代，使得一场前所未有的"新消费时代"扑面而来。

在整个新零售模式中，"人"在其中占据主导地位。然而在 5G 时代的新零售模式下，"人"在原有主导地位的基础上，又一次发生了重构。

5G，作为第五代移动通信技术，具有超越光纤的传输速度，拥有超强的实时能力，能实现全空间连接。5G 时代的新零售模式下，"人"实现了"从视频求助向 VR 求助"的转变。

以往，我们经常会有这样的体验：当自己逛街的时候，试了几件衣服，却在选购哪一件衣服的问题上犹豫半天。急中生智，便对你试穿的每一套衣服拍照发群里，说句："亲爱的们，哪个更好看？在线等，着急。"或者跟朋友打开视频通话，请人帮忙举着手机，自己在镜头前转一圈，让好友帮忙抉择。有时候，往往会因为 4G 网络的缺陷而出现视频画面卡顿、好友回复延时、所在地区是网络覆盖盲区等问题。因此，这样的方法虽然有效，但却不高效。

如今，随着 5G 时代的到来，网络传输速度更快、时延更低、网络覆盖面积更广，使得人与人之间的交流和交互变得更加快捷、高效，更加具有时效性。因此，当你还在为买哪件衣服而纠结的时候，可以用手机直接将闺蜜、男朋友"call"到商店。在 VR 和 AR 技术下，无论他们身在哪里，都能"围"在你身边，为你出主意。

货：从冰冷产品向智慧产品的转变

5G 实现了万物互联。因此，5G 时代，不仅实现的是人与物之间的交流与沟通，而且实现的是物与物之间的交流与沟通。

在 IT 界，有一个著名定律，叫作"安迪比尔定律"，内容是"安迪提供什么，比尔就拿什么"。"安迪"是英特尔公司原 CEO 安迪·格鲁夫，"比尔"是微软 CEO 比尔·盖茨。意思是：硬件提高的性能，很快被软件消耗掉了。

其实，在互联网领域也有类似于"安迪比尔定律"的现象：无论带宽提升了多少，都能被越来越多的联网设备消耗掉。更简单的理解为：无论路修的有多宽，不断增加的车辆都能将其消耗掉。

5G 实现的是万物互联互通，这已经超越了人与人之间的互通。前文提到，据全球知名咨询公司 IDG 预测："2020 年，全球物联网设备量将达到 281 亿。"如此量级的数据，能提高预测准确性，降低供应链成本，提升零售效率。

例如，当后台数据发现一款面膜和一款卸妆水的销量关联性很大时，不用超市理货员出马，机器人就根据这一关联性，主动出击，将这两款相关联的面膜和卸妆水的货架凑在一起，后台仓储也及时跟进。

再如，当一款产品的库存数量变少时，安装有传感器的货架在感知这样的情况后，就能迅速通知配送中心补充库存，而且对于货物的实施运送进度，库房也能够实时监控，实时跟进。

　　这样，从前端到后端，整个供应链上的各个节点都能相互感知、相互提醒、相互配合，好似心有灵犀、配合默契的好友一般。这对于消费者来说，后端所体现出来的"智能化"对其消费生活产生了巨大的影响，使得自己想买的东西永远不缺货，想找的产品恰好在身边。因此，5G 应用于新零售，使得货物从原来冰冷的产品，实现了向更有温度的智慧产品的转变。

场：从现实购物向虚拟购物的转变

　　在 5G 网络技术下，高带宽、高速度、低时延的特点，能使得实效性大幅提升。再加上高质量的 VR/AR 技术的应用，使得消费者在借助 VR 眼镜购物的时候实现"所见即所得"。

　　在 5G 网络下，带宽足够高、速度足够快，人的语言、动作、表情的捕捉将变得更加细腻。这就意味着，虚拟与现实可以无限接近，人与人在互联网上交流就像面对面一样。正如美国硅谷的创业公司 Aromyx 宣称的那样，能将"香气和味觉实现数字化"。也就是说，未来，在 5G 技术的推动下，不但视觉、听觉可以实现数字化模拟，而且嗅觉、味觉、触觉同样可以实现数字化模拟。这是气味设备根据同步数据调配出真实的味道，因此能获得"身临其境"的感觉；当你能"触摸"到手上衣服的质感，是因为传感的衣服是根据计算，按照相应的力度，匹配相应的触感得以实现的。这一切都让人感到如此的真实。

　　因此，以后消费者购物，再也不用担心自己会为购买哪款衣服而踌躇，躺在床上就能"摸"到淘宝主播手中衣服料子的轻薄与厚重。再也不用担心淘宝主播口中说的橙子是否真的甜，坐在家中就能"尝"到主播手中的橙子到底有多甜。

随着 VR/AR 设备的日渐普及，设备的使用成本必将大幅降低，届时人人都能用得起，人人都可以戴着 VR 眼镜，身在中国，购遍全球。

▶ 5G 时代购物中心走向智慧商业

5G 的出现和商用，不仅为消费者带来了全新购物模式，有效提升消费者的购买力，而且萌发出前行的市场结构和消费模式，为品牌方带来更大的商机。尤其是零售业代表——购物中心，更是乘着 5G 之风，大踏步走向智慧商业，迎来更大的发展机遇。

万物互联，掀起购物中心数字化转型

如今，5G 商用的脚步越来越近，各行业都加快 5G 商用速度。零售业作为一个传统行业，也必然寻求 5G 的帮助，实现向数字化的转型。购物中心不仅面临线下的广大竞争对手，还面临线上电商的激烈竞争，因此转型迫在眉睫。

5G 时代，是一个万物互联的时代。5G 的到来和应用，使得购物中心的每一个店铺、各项设备、基础设施、智能机器人等能够实现稳定、顺畅的联结。购物中心的摄像头、消防系统，甚至门店里的每一盏灯都能同时连接 5G 网络。物与物之间将产生海量数据，在这些数据的基础上可以对新零售重构的"人、货、场"进行再造。

以上海陆家嘴中心 L+Mall 为例。作为一家位于核心 CBD 的一流商业中心上海陆家嘴中心 L+Mall，走在了上海时尚购物最前列，在 5G 即将全面进入商用之际，也开始借助 5G，在实现数字化转型方面率先引领潮流。

陆家嘴中心 L+Mall 与上海移动共同在 L+Mall 的一楼、五楼生活美学区，开通了 5G 室内数字系统。在这个数字系统的支持下，可以实现以往很多人们只有在科幻电影中才有的精彩画面：

首先，顾客可以享受 5G 带来的高端休闲体验。顾客只要一台 5G 手机，就能在 5G 网络的高速度下实现高清视频通话。

其次，5G 智能机器人可以为进入 L+Mall 的顾客提供咨询类服务，如导购、目的地指引等服务，还可以为顾客提供送货上门服务。在 5G 网络的支持下，上海陆家嘴中心 L+Mall 为顾客带来了更加良好的购物体验，也有效提升了智慧购物中心的运营管理能力。

最后，在 5G 网络、大数据、人工智能等技术的融合下，L+Mall 可以更加实时掌握商场客流分布状态，还可以为安全保障、地下车库管理、店铺租赁、广告投放等提供数据和应用支撑。

对于购物中心而言，5G 带来的变化是显而易见的。5G 应用于新零售时代的购物中心的商业活动中，也足显 5G 的巨大威力。那么 5G 掀起新零售时代购物中心的数字革命，主要体现在哪些方面呢？

首先，对于消费者而言，从自己进入购物中心的那一刻起，就已经完全被悬于高空的摄像头，甚至是安装在脚下地板内的智能设备所"识别"，为其提供精准导航、精准商品导购，还可以使智能购物车紧随你身后，而不用像以往一样自己动手推购物车或者提购物篮。在选择心仪商品时，万物皆可点击，不但能从触控屏幕看到商品详情，还能查看到别人的购买记录以及评论。这些信息对你是否决定购买这件商品十分重要，可以进行有效参考。当你选择完商品，进行结账的时候，系统会在你穿过自动收银台时，已经对你选购的商品进行一一扫描并结算。而此时的你，只需要拿好商品即可走出购物中心，而无须拿出现金，也无须进行扫码结账。因为，你走出结账通道时，人脸识别技术已经通过刷脸的方式自动扣除相应金额。

如果你进入一家购物中心后，这里的所有商品都以数据的形式构建 3D 模型，并将商品的 3D 模型录入到虚拟商品墙中。你只需将你喜欢的商品加入虚拟购物车中，然后点击一键结算，并输入自己的手机号、家庭住址，然后通过人脸识别系统扫脸完成支付。当所有购物流程完成之后，另一边物流已经将货物送至了你指定的地点，使你获得全方位的购物体验。

其次，对于门店而言，5G+ 人工智能、人脸识别技术，可以自动识别新老客户身份，可以有效记录消费者在门店内的移动轨迹，以及在每件商品前的停留时间。另外，由于店内布置了物联网，管理者只需要对系统进行口头提问，就能知道库存的精准信息，而且店内货物的摆设能够在在机器人的自动操作下随着需求而随时改变。

最后，对于购物中心而言，在 4G 时代，各大购物中心的数字化更多的体现为库存数字化（结余货品数量、日常进货数量等）、消费者静态数字化（如消费者身份、喜好、习惯等）、营销数字化（借助互联网、电脑通信技术和数字交互式媒体实现的营销）。随着 5G 时代的到来和逐渐进入商用阶段，购物中心的管理者可以更加清楚地通过物联网掌握整个购物中心的实时动态，了解客流分布、动向分析、突发事件等，从而定制更好的业态分布和渠道管理，保证整个购物中心的人员安全等。

总体上看，5G 作用于新零售时代的购物中心，是对 4G 时代的一种弥补和升华，使得消费者、门店、购物中心三者都满足了各自的诉求，使购物中心的发展更加趋于数字化。未来，购物中心数字化，必将随着 5G 商用的落地而成为购物中心发展的标配。

智慧购物，实现购物中心无人化

5G 赋能，不但使得城市智慧化、医疗智慧化、家居智慧化，还使新零售时代的购物中心的发展，也体现出了越来越多智慧的一面。

智慧购物，是 5G 时代购物中心实现智慧化的产物。基于智慧购物，管理者可以从原来烦琐的管理工作中解放出来，实现了购物中心管理无人化。这样能够为管理人员节省出更多的时间和精力，用于运营方案的制定与执行上，有效实现购物中心无人化。

前文中提到的上海陆家嘴中心 L+Mall，消费者一进入购物中心，就能享受来自 5G 智能机器人的智慧化服务，如导购、目的地指引等，只要告诉机器人自己想要去的地方或者想要买的东西，智能机器人就可以通过对你的语音、语义进行分析，从而为你解答疑问，为你带来全方位的帮助。这样的智慧场景，不但为消费者带来了全新的消费体验，而且还能有效提升整个购物中心的服务效率。

可以预见，未来 5G 全面进入商用之后，再加上智能机器人的应用，购物中心内，不但可以实现智能机器人的智慧解答和智慧导购，而且在打扫卫生、货物搬运、安保等方面的工作，都将由连接 5G 网络的智能机器人完成。整个购物中心，智能机器人越来越多，工作人员则越来越少，逐渐从购物中心前端淡化，走向后台机器和系统的管理和维护。

无人化购物中心，可以有效节省人力成本，这一点自然不必多说。在 5G 时代，智能物联技术还为购物中心提供智能补货、以机管机，这样人类可以不用参与任何体力劳动。届时，人力成本将压缩到最低。这对于整个购物中心来讲，是一件非常利好的事情。

5G进场，虚拟现实购物走向主流

当前，人们似乎变得越来越喜欢用手机进行购物，尤其是喜欢在短视频、直播等平台上边看边买商品。基于消费者的这种娱乐消费的特点，零售业做出了巨大改变：融入虚拟现实技术，让消费足不出户，就能在轻松娱乐中完成消费。

VR，作为一项前沿科技，如今已经逐渐渗透到各行各业，在不少领域发光发热。VR 在零售业也发挥了至关重要的作用。这一技术进场，使得零售领域的购物中心也走上了虚拟现实的道路，并成为主流趋势。

其实，早在 2018 年的时候，零售业巨头沃尔玛收购了小型 VR 公司Spatialand。沃尔玛希望未来能将虚拟现实技术，整合到零售业当中。因为，沃尔玛相信，总有一天，这种模式能够改变零售行业，并通过网络技术与 VR 的结合，为用户提供与众不同的购物体验。如今进入 5G 时代，沃尔玛所希望的一切，都将开始逐步实现。可以说，沃尔玛收购 VR公司，是一次非常具有远见的举措。

沃尔玛还并不是在购物中心中融入 VR 技术的先驱者。早在四年前，阿里巴巴就推出了虚拟现实购物体验产品"Buy+"。这被阿里巴巴称为 VR 技术的应用，该应用实际上利用计算机图形系统和辅助传感器，生成可交互的三维购物环境。但值得一提的是，当时虽然应用了 VR这一创新技术，但给用户带来的体验并不是很好，因此在当时的市场中并没有掀起太大的浪花。

这是因为，VR 技术实现商用，不但需要借助 VR 技术、VR 头盔显示器、智能手机或电脑，还需要强效的网络，才能真正实现购物体验的提升。5G 就恰好是这样的强效网络。

购物中心内的线下店铺，将 VR 技术应用于消费过程中，并且接入 5G 网络，实现实体和虚拟的结合，可以使消费者沉浸在定制的世界当中，将传统的在线购物元素与 3D 体验结合在一起，从而增加消费者的参与度。这样，消费者就可以进入一个真实模拟的商场，在这里摆放的是琳琅满目的商品，消费者还可以看到商品价格、产品材料、产品生产地。除此以外，还可以试穿、试玩商品，随心选择自己想要的东西。在支付完商品之后，只需要在家静待商品送货上门即可。

5G+VR，应用于购物中心的模式，对于店铺来讲，有两方面的好处。如图 7-3 所示：

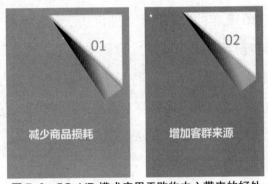

图 7-3　5G+VR 模式应用于购物中心带来的好处

1. 减少商品损耗

传统的实体货架陈列模式，每天货架上的商品有很多人拿起来反复多次翻看，时间一久，商品必定因此而产生损耗，使得商品变旧，甚至破损。而在 5G+VR 模式下，消费者直接在模拟真实的环境中购物，不需要触碰真实的商品，就能看到商品的真实详情，甚至能"触摸"到产品的材质，"嗅"到产品的味道。这样，不但消费者能获得和实物一样的触摸感，而且店铺商品也不会有任何损耗。可谓一举两得。

2. 增加客群来源

购物中心作为新零售的一个代表，线上、线下多渠道营销，是其主要特点。基于 5G+VR 模式，一方面，线下有 5G+ 智能机器人为消费者服务，有效吸引客流量；另一方面，除了线上 App 渠道增加客流之外，还多了一个分支渠道，即消费者借助 VR 实现边玩儿边买，在趣味、娱乐中有效吸引客流。

5G+VR，为购物中心带来了寓娱乐于购物的全新购物模式，这将对购物中心的发展形成冲击，也会吸引更多的人进行体验消费。因此，当 5G 正式进入商用阶段，并在购物中心试水成功，未来在 5G+VR 的模式下，虚拟现实购物将走向主流。

量身打造，为消费者提供个性化服务

有句俗话叫作："萝卜青菜，各有所爱"。每个人的兴趣和爱好是不尽相同的。这些喜好和兴趣的差异化，在人们购物的过程中也能有所体现。

针对这样的特点，消费者画像就显得很有必要。

在购物中心及店铺内安装的摄像头、人脸识别设备等，在第一时间将进入购物中心的顾客的相关信息，包括顾客性别、年龄范围、着装风格、货品前停留时间等，记录下来并传到后端数据系统。后端数据系统将这些数据进行有效分析，根据分析结果为顾客进行画像。之后，再将画像传输给前端的智能机器人，此时的智能机器人已经对顾客的喜好、需求等了如指掌。因此，能根据顾客画像，为顾客提供更加有针对性的个性化服务，如为顾客进行个性化商品推荐、精准引导顾客向其需求目的地前进等。

　　而这一切的实现，包括数据从前端摄像头、人脸识别设备传到后端，再由后端数据系统传到前端的智能机器人，整个过程中，无论数据能够实时传输、快速响应，还是各项设备、系统、机器之间能够实现互联互通，都需要一个具备高速度、低时延的网络技术来支撑。5G 恰好具备这样的特点。

　　未来，在 5G 网络的作用下，传统零售业将发生巨大的转型和变革，即从大规模标准化服务，变成个性化服务。购物中心内店铺将以个性化零售形式售卖商品，真正做到千店千面，实现个性化零售、差异化经营。

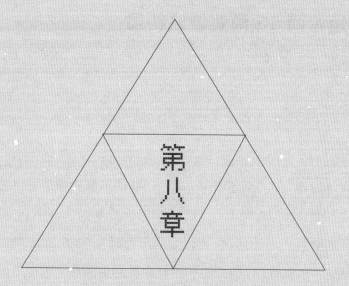

第八章

5G 大显身手为行业商业模式带来巨变

　　5G 最表象的变化，就是网络速度的提升。但当网络速度提升到一定程度，用户的需求和关注点就会发生改变。伴随着 5G 的到来，各行各业都受到 5G 网络技术的冲击。然而，5G 在具体商用落地的过程中，各行业基于用户需求，在摸索中不断前行，但这样就使得各行业的商业模式发生了巨大变化。因此，一场商业模式的嬗变序幕就此拉开。

▶ 探索运营商 5G 商业模式新局

运营商作为 5G 的"创造者",对于 5G 的了解就像了解自己的"孩子"一样。因此如何发挥自己"孩子"的优势和特长,为社会大众服务,是运营商需要考虑的问题。因此,运营商们需要探索出更加有效的商业盈利模式,才能将 5G 的优势和特长发挥到最大化。这也是运营商把握未来发展的一大契机。

与各行各业形成跨界联盟

5G 的出现,使得以往人们想象中的万物互联成为可能,也让人们对"云"访问的渴望变为现实。

随着整个电信产业链的不断加速融合,运营商作为产业链上的重要一环,从原来的"修管道"变为"运营管道"。

如何理解运营商这个"管道"的作用呢？5G 就好比是自来水和电力一样,而运营商就好比是自来水管和电力传输管道,它保证 5G 能够更好地传输到各个角落。

运营商的职责就是将"管道"修好,并高效运营,从而保证各行各业的发展,在 5G 网络的渗透作用下,能够畅行无阻,更能达到"百花齐放"的目的。

据全球移动通信系统协会（GSMA）预测："截至 2025 年，运营商的总收入将增长 2.5%，达到 1.3 万美元。"5G 催生出大量新应用，包括 VR/AR、8K 视频、工业互联网、车联网、无人驾驶、机器人、农业等领域都发生了翻天覆地的变化。

当前，无论是传统企业的改造，还是互联网企业的升级，对网络的需求越来越多，越来越苛刻。这也是运营商不断进行网络升级的重要原因之一，也是 5G 网络技术诞生的原因之一。

以汽车行业为例。汽车行业本身是一个传统行业，但是随着手动操作汽车向无人驾驶汽车的转变，需要越来越多的汽车部件与路边基础设施，如摄像头、传感器设备、智能机器人等实现互联互通。而这样的互联互通得以实现的关键，就在于有一个力量超群的网络做支撑，除了需要超高网速之外，还需要有超低时延、超高带宽、超低功耗的优点。运营商开发的 5G 网络，恰好包含了所有的优势，满足了所有无人驾驶得以实现的需求。因此，运营商为汽车行业实现无人驾驶提供了更好的网络基础。在此场景下，电信运营商为汽车行业提供了端到端的管道服务，使得汽车行业与运营商形成了跨界联盟。

运营商与汽车行业形成跨界联盟，只是运营商在探索新商业模式方面的冰山一角。随着 5G 网络向各领域的不断渗透，以及实现全场景商用，运营商与各行业形成跨界联盟模式的优势将会更加凸显。主要表现为：

一方面，进一步推动运营商为无人驾驶提供更多的网络应用方案，使得传统汽车行业加速实现了向无人驾驶的转型，将自身所能提供的服务更加精细化、专业化，明显提升用户体验。

另一方面，运营商可以利用 5G 的技术优势，在各领域获取更多的应用场景，产生更多的盈利模式。

合作才能共赢。这是当前这个时代企业实现优势互补、资源共享、互利共赢的前提和基础。基于 5G 在各领域商用的不断普及，运营商实现商业模式的创新，还需要各行业与运营商合力开发、共同打造。

与互联网企业跨界竞合

如今，运营商面临的问题是：语音收入减少、流量经营模式不限量发展、利润率不断下降。另外，在 5G 网络建设过程中，由于大量接入基站，使得运营商成本支出很高。据相关数据显示，5G 网络基站建设占运营商总成本的 50% ~ 70%。而无线接入业务，是电信设备商的主要收入来源。

另外，全球网络的发展，运营商在其中起到了十分重要的作用，不但提供复杂的网络服务，还要保证网络 7×24 小时不间断。否则一旦断网，很多必须联网才能运作的企业将会因此而产生巨大的损失。尤其是进入 5G 时代，全球互联网企业对网络的需求更加迫切，更加需要一种速度更快、延时性更低、带宽更高、功耗更低的网络，以满足其快速发展软件和硬件设施需求。

因此，5G 时代，运营商除了为全民提供优质网络服务，还需要与互联网企业之间形成更加紧密的跨界合作。这才是全球运营商在 5G 时代应有的发展模式。

其实，在整个通信产业链中，上游是设备制造商，中游是网络运营商，下游是终端制造商和互联网企业。而运营商作为整个产业链中的中坚力量，起到了承上启下的作用。这个作用就体现在"管道"上。

但当前的情况是，全球运营商市场在少数巨头电信设备厂商的围墙下发展，那些中小企业和新创企业很难进入系统设备市场中。这样，在运营商不甘心在 5G 时代继续做"管道"的时候，越来越多的互联网企业却投入到管道建设中来。

例如，Facebook 就是一个典型的例子。Facebook 将目光集中在无线接入网络这块大蛋糕上，在激光通信、无人机传输、光纤网络等网络基础设施建设上发力。Facebook 推出的典型基础设施项目 TIP 的目标是以云为平台，彻底改变了电信网络架构和服务能力。如果 Facebook 实现了网络设施的云化部署，则运营商可以从原来的重资产结构变为轻资产结构，有效降低运营成本，提升对接云业务的能力。

与此同时，亚马逊等诸多互联网企业也开始像 Facebook 一样，在有线和无限网络方面大展身手。可以说，互联网企业重新创立了一个新的网络建设市场。随着互联网巨头对有线和无线网络建设趋于完善，它们不会将这些网络局限于自用，而是以开放的姿态，让更多的中小微互联网企业能够参与到网络市场当中，从而形成一个独立于现有运营商的公网。因此，未来或将形成一个传统运营商和互联网企业跨界竞合的局面。

与媒体并购重组

并购重组，是很多巨头为了更快壮大自身、获得更快发展的最佳路径。世界上有很多巨头企业能够将自身发展推向一个新高度，靠的就是并购重组。

在全新的 5G 时代，运营商本身作为整个通信产业链中的核心角色，渗透到各领域，与各领域发展紧密结合，有利于企业找到新的收入增长点，并大幅提升经营利润率。

例如，美国运营商就是借助这种战略模式，收购主流媒体进入内容领域。如美国运营商巨头 AT&T 收购了 Direc TV 和时代华纳；美国第二大移动运营商 Verizon 收购了 AOL 和雅虎等。这两大美国运营商收购其他公司的共同特点是：看到了视频内容的重要性。

在 AT&T 并购了时代华纳集团之后，其交易额突破了 850 亿美元。这意味着，美国电信市场和电视内容整合，推动了运营商迎来新的发展浪潮。

美国电信运营商巨头 AT&T 曾声明强调，视频的未来是移动，移动电信的未来是视频。我国电信运营商更是深谙这个道理，因此在发展模式上也进行了创新。

例如，中央广播电视总台和中国移动联手布局 5G 时代，分别在 5G 技术研发、4K 超高清频道建设、内容分发、大数据等领域开展全面战略合作，实现资源共享、优势互补和互利共赢。

1. 共建 5G 实验室

双方共同建立了实验室，共同打造了基于 5G 网络的内容生产和分发平台。

2. 共造 4K 电视频道

双方共同打造了 4K 电视频道，实现了 4K 超高清电视直播、VR 视频直播，通过人工智能等技术，为广大观众推荐更加实时、精准的内容。

这些并不是双方合作仅有的布局，还包括共同研发基于 5G 的超高清视频终端采编播设备、新一代基于 5G 网络的 4K 超高清视频传输设备；合力打造符合国家和观众需求的精品内容。

总而言之，运营商在当前 5G 超快速发展的时代，寻求媒体并购重组，是其实现快速发展的有效捷径。

打造全新流量收费模式

5G 网络，企业是实现商用的重要方面，而广大民众更为 5G 商用带来巨大的用户基础。而电信运营商，不仅是网络的建设者，也是计费、业务的管理者，还是电信业务的提供者。

在 3G、4G 时代，电信运营商作为"管道"提供者，虽然在视频、音乐、支付等方面有所应用，但体量非常小，社会影响力也不大。随着 5G 时代的到来，万物互联成为可能。这样，任何人与人、人与物、物与物之间的连接都需要 5G 网络的参与。因此，5G 时代，联网设备体量大幅提升，流量的需求也出现激增的情况。再加上不同的企业、不同的用户对 5G 流量需求的不同，电信运营商在提供业务、增加用户和网络的管理能力的同时，还需要在流量收费模式上进行创新。

我国，三大电信运营商各自推出了流量资费标准：

1. 中国移动

中国移动的 5G 套餐分为五个档，资费内容，如表 8-1 所示：

表 8-1　中国移动 5G 套餐

中国移动 5G 套餐								
套餐（元/月）	通信资源		权益类内容				会员权益	
	流量（GB）	语音（分钟）	网络权益	品牌权益	业务	服务权益	套内权益	5G PLUS 会员优惠购
128	30	500	5G 优享服务	全球通银卡	视频彩铃来电显示 5G 咪咕视频会员	热线优先接入权益 免打扰服务	6 选 1	6 折
198	60	1000						5 折
298	110	15000	5G 极速服务	全球通金卡			6 选 2	2 折
398	150	2000		全球通白金卡				0 元购
598	300	3000		全球通钻卡				0 元购

2. 中国联通

中国联通的 5G 套餐分为七个档，资费内容，如表 8-2 所示：

表 8-2　中国联通 5G 套餐

中国联通 5G 套餐					
套餐（元/月）	通信资源		权益类内容		会员权益
	流量（GB）	语音（分钟）	网络服务	套外	联通会员
129	30	500	优享（500Mb/s）	套外每分钟 0.15 元 短信 0.1 元/条 套外流量 3 元/GB	≤ 3 年网龄 8 折 ≥ 3 年网龄 7 折
159	40	500			
199	60	1000			
239	80	1000	极速（1Gb/s）		
299	100	1500			
399	150	2000			
599	300	3000			

3. 中国电信

中国电信的 5G 套餐分为七个档，资费内容，如表 8-3 所示：

表 8-3　中国电信 5G 套餐

中国电信 5G 套餐				
套餐 （元／月）	通信资源		权益类内容	
	流量 （GB）	语音 （分钟）	应用权益	生态权益 （VIP 会员价 元／月）
129	30	500	天翼超高清 天翼云游戏 天翼云 VR 天翼云电脑 天翼云盘	套外每分钟 0.15 元 短信 0.1 元／条 套外流量 3 元 GB 语音加装包 10 元／ 100 分钟 副卡 2 张 10 元／张
169	40	800		爱奇艺：14
199	60	1000		优酷视频：14
239	80	1000		腾讯视频：14
299	100	1500		酷狗音乐：14
399	150	2000		QQ 音乐：14
599	300	3000		全民 K 歌：19.9

虽然目前我国三大运营商各自推出了相应的 5G 套餐业务，但随着日后 5G 商用规模的不断扩大化，相信三大运营商还会在现有的 5G 套餐业务基础上，不断对套餐内容进行调整，以便用更好的流量收费模式来适应 5G 商用不同阶段用户的网络需求。

▶ 5G 带来互联网行业商业模式新突破

　　每一次移动通信技术的变革，都会给整个社会的进步带来全新的驱动力量，为全球经济注入源源不断的强劲动力。

　　当前，5G 技术将全面进入商用阶段，在各领域的不断深入和渗透，必将使各领域的发展能够向前迈进一大步。然而如何能够让 5G 在本行业快速落地，实现跨越式发展？如何借助 5G 解决本行业发展过程中遇到的问题？这是各行业对 5G 技术应用的思考。

行业融合成为主流商业模式

　　以往，各个垂直行业的发展，往往是以自我为中心，孤立存在、独自发展的。在这种模式下，各个垂直行业的发展速度缓慢，更难以推动经济的飞速发展。

　　随着互联网、移动互联网的出现，各垂直行业的交集点越来越多、交集频率越来越高。尤其进入 5G 时代，实现万物互联，再加上云计算、大数据、人工智能等技术的深度融合，使得各垂直领域的交互变得更加紧密、协同发展的频率变得更高，并由此而孕育出更具创新性的产品和服务。

　　以智慧城市为例。5G 技术与车联网相结合，使得自动驾驶和智慧交

通相结合，实现车与人、车与车、车与基础设施之间的互联互通，这样一个基于人、车、路、云协同与融合的智慧交通场景就诞生了，使得整个城市散发着"智慧"的光芒。

再以文娱方面为例。5G+VR/AR+云计算模式，为文娱领域的发展带来了创新范式。5G 具有高速度、低时延的特点，将 5G 技术和虚拟现实技术相互融合，可以有效提升画面分辨率，加快渲染和交互的处理速度，使用 VR/AR 眼镜的用户，再不会像以往一样有眩晕的感觉。因此文娱领域与 VR/AR、云计算的融合，能够更好地发挥出沉浸式体验的优势。

现代管理学之父德鲁克曾经说过："当今企业之间的竞争，不是产品之间的竞争，而是商业模式之间的竞争。"的确，如果商业模式没有选对，打造再好的产品和服务，也都是徒劳的，不会有很好的运营效果。

因此，在 5G 这个全新的时代，各个垂直行业更需要在商业模式的创新上下功夫。各行业之间的跨界与融合，不但能使得整个产业价值链发生重构，更能推动整个产业价值链上的各个行业创造出基于 5G 的转型新格局。如果说互联网、移动互联网时代，使得产业边界日渐模糊，那么在 5G 时代，产业边界则消失。从此，大融合时代的序幕就此拉开。

2C模式向2B2C模式转变

现代社会是一个网络时代，信息像潮水一样向我们涌来。与此同时，各领域的企业也都沉浸在网络当中寻求新的发展。可以说，无网络，不运营。

以往，几乎所有的传统企业以及互联网企业，采用的商业模式都是一种 B2C 模式，即商对客。简单来说，就是商家直接面向消费者，为消费者提供产品和服务。

随着网络从互联网向移动互联网演进，企业运营对网络的依赖程度越来越高，甚至连摆摊的小商小贩都开始用扫码支付的方式完成交易。如今，5G 时代的到来，使得我们身处的这个网络时代向着更加美好的方向迈进。

正如前文所讲到的，在 5G 时代，运营商与各行各业形成跨界联盟、跨界竞合关系。其实，这一定对于其他行业同样适用。

以零售业为例。5G 实现互联互通，使得产业链上各个节点，包括上游的制造商、中游的零售商、下游的物流企业之间的联结越来越紧密、关系越来越密切。

因此，随着用户消费习惯的改变，以及优秀企业示范效应的促进，再加上网络向着更高、更快、更强的方向发展，尤其是进入 5G 时代，互联网企业商业模式的嬗变，更具有必然性。

B2B2C 作为一种全新的商业模式诞生，并取代以往的 B2C 模式，将成为一种主流商业模式。

B2B2C 商业模式中：

第一个 B，是服务提供方。由于第二个 B 有两种选择，因此在理论上讲，B2B2C 有两种模式，这两种模式的主要区别在于对 B 的选择。

第二个 B，可以是直接面对用户业务场景的商户，这种选择在市场中比较受推崇；同时，也可以是手握流量的合作平台。从某种程度上看，第二种手握流量的合作平台 B，与第一个 B 存在一定的竞争关系。

如图 8-1 所示：

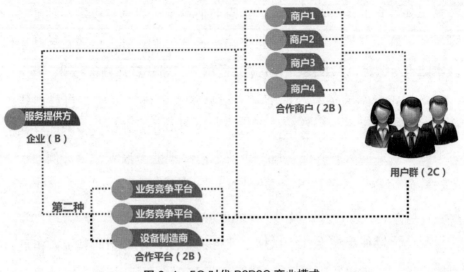

图 8-1　5G 时代 B2B2C 商业模式

　　5G 时代，B2C 模式向 B2B2C 商业模式的深层次转变，实际上实现的是对手握流量的合作平台 B 的改变。

　　随着时代的发展，只有思变，只有转型，才有活路，才有更好的发展前景。尤其是互联网企业，网络速度更迭十分快速，如果不及时转型，就必然会被市场所淘汰。对于互联网企业而言，如支付、云服务等行业中的企业，B2B2C 的商业模式，并不是只有巨头企业才需要选择的商业路径。中小微企业，更需要变革旧有商业模式，乘着 B2B2C 的商业模式之风快速前行。

业务跨领域拓展

　　随着移动通信技术向着更高阶段发展，从 2G、3G、4G，到如今即将全面进入商用阶段的 5G 来讲，信息通信上下游企业的分工，从原来的较为明确，逐渐变得模糊化。

基础电信运营商原本负责的主要是管道业务；而华为、中兴等企业早期主要负责的是芯片的开发、信息与通信基础设施建设等终端业务；诺基亚、摩托罗拉主要负责的是终端设备试生产业务。但随着移动通信技术的不断演进，信息通信上下游企业的分工模式就逐渐被打破。

这样，原本的信息与通信基础设施建设者逐渐开始将自己的能力快速下沉。以华为为代表的信息与通信技术企业，开始成为智能终端的主要生产者。同时，其他领域的企业也对终端业务跃跃欲试。例如，小米、苹果这样原本的终端设备生产商，也开始将业务嫁接入工智能领域，打造智能终端，并取得了十分傲人的成绩。

另外，以往那些专注于做增值业务的企业，也开始向其上游拓展自己的市场。以腾讯和阿里为代表的互联网企业，则开始将自己的目光转向积极布局云计算业务。当各领域积极拓展自身业务之际，运营商作为5G 网络技术的缔造者，也不甘示弱，通过分公司、基地等多种形式在内容生产领域开始扩展自己的市场。

可以说，5G 的出现，尤其对于那些互联网企业的影响十分巨大。

一方面，互联网企业所面临的，不但是同行业企业的激烈竞争，更要面临传统企业接入 5G 网络后，成为跨领域闯入者而引发的竞争。因此，在 5G 时代，互联网企业四面楚歌。

另一方面，随着企业新型产品和创新服务模式的出现，原有的网络设计、网络架构并不能与其相匹配。这样会导致企业业务增量而不增收。

在这样的情况下，要想解决眼前的困局，互联网企业就应当积极拥抱 5G 网络技术，尝试改变过去的商业模式，不断突破原有规划和设想。

在全新的商业模式和新业态下，进行产品和服务的创新，这才是互联网企业在 5G 时代的生存之道。

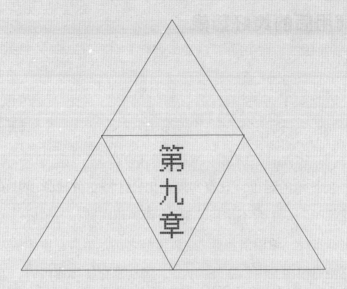

第九章

未来已来，
5G 来临之后的美好猜想

4G 已经成为我们生活中必不可少的网络技术。然而，当我们还处在 4G 商用多维度开发阶段时，5G 已经向我们快速奔来。这对于整个互联网、移动互联网来说，又将是一次新的变革。那么，5G 到底能为我们带来多大的想象空间？5G 来临后会给我们带来哪些美好猜想？这个问题是很难去预测的。因为，未来 5G 的发展，一切皆有可能。

▶ 5G 商用后的美好猜想

任何一项技术的诞生，只有实现商用，才能更好地体现其价值。否则就是"花架子"，中看不中用。5G 全面商用在即，各领域已经开始紧锣密鼓地进行布局，希望借着 5G 这股强势之风，给自己企业的发展添一把猛火。这使得很多业内、圈外的人，对 5G 真正实现商用时，能够给我们带来什么样的美好生活憧憬不已，更引发了人们无尽的猜想。

智慧生活全面普及

物联网，是"万物相连的互联网"，实现在任何时间、任何地点，人、机、物的互联互通。

当前我们依旧处于 4G 时代，手机和移动互联网的迅猛发展，使得我们借助一台小小的手机就能实现语音/视频通话、游戏竞技、影音观赏等。而物联网在 4G 时代，因为 4G 网络并不是移动通信技术的高级阶段，因此在很多方面还不够完善。这使得物联网的发展受限。虽然我们生活中有视频监控、儿童手表等，但这些只是物联网革命在 4G 时代的一个小小的开始。

真正的物联网技术实现万物互联，是电影《独立日》机器人的时代，是电影《头号玩家》超级游戏体验的时代，是《蝙蝠侠》里炫酷新能源汽车的时代，是一个充满想象的时代。5G 的到来，使得这些场景离我们越来越近。

5G 时代，物联网的发展如鱼得水。5G+ 物联网，使得万物互联成为了现实。不但实现了物与物的连接、人与人的连接，还实现了人与物的连接。随着远程技术、无人驾驶、人工智能、VR/AR 等前沿技术的发展，在注入 5G+ 物联网的新鲜血液之后，有关远程技术、无人驾驶、人工智能、VR/AR 等在 4G 时代浅尝辄止的技术将得到更大程度的应用，推动智能生活的全面普及。

以远程手术为例。5G 时代是跨越地域的时代，是全球互联的时代。远程监控迎来了发展契机。比如，远程医疗医生在澳大利，想给远在印度的病人做远程手术。当医生通过远程医疗设备发送指令时，相应地，在印度的手术台上，手术机器人必须马上根据指令做出相应的动作。从指令发出，到做出指令，中间只有毫秒级别的延迟。而且整个过程中，手术机器人似乎非常聪慧，能够听得懂医生的指令，并能够快速做出反应，将手术做得十分完美。

再以人工智能为例。人工智能的特点就是拥有海量数据的分析、处理能力。机器人通过人脸识别技术可以对一张人脸的细微表情进行分析，然后通过大量的计算，将产生的大量数据进行识别，判断这个人是开心还是难过。

有第三方机构预测：到 2020 年，仅一位互联网用户每天就能产生 1.5G 的流量；一家智能工厂，每天将产生 1PB 的数据；云视频服务商每天将会产生 750PB 的视频数据。

如此庞大的数据，需要高速的网络通道来传输，而且必须要有很强的低延迟能力。这样，人工智能机器人才能以最快的速度判断出一个人的心情好坏，并能在第一时间和你说一声：嘿，你今天看起来心情很不错。

5G 时代，实现商用，不是一个一蹴而就的事情，而会是一个较长的过程。但 5G 投入商用，必然会为我们带来一个更具智慧的美好时代。

智能手机或将退出历史舞台

5G 加速商用，首先体现在手机领域。在 5G 时代，智能手机将发生巨大变化。

从当前市场中出现的 5G 智能手机来看：

首先，手机价格将大幅提升。毕竟整体的技术和原器件等都是在创新基础上探索和研发出来的。再加上 5G 手机上市之初，用户体量并没有达到一定的规模，因此成本必然难以下降，价格昂贵也是必然的。从目前的行业情况来看，即便 5G 手机到了后期的价格平稳期，销量也得到了大幅提升，但其价格比 4G 手机也会高出很多。

其次，5G 手机的电池容量会变大很多。华为的轮值董事长徐直军指出：5G 芯片的耗电量将是目前 4G 手机芯片耗电量的 2.5 倍。再加上屏幕、CPU 以及其他各种原器件，随着处理能力的提升，其耗电量必然会增加。这样，手机电池就宛若我们现在的充电宝，这也是手机价格大幅提升的一个原因。

最后，5G 手机厚重将成为常态。由于 5G 电池容量越来越大，手机也变得越来越厚重，如华为 5G 折叠手机、三星 5G 折叠手机，不但屏幕变大，而且电池容量变大，就必然使得手机"体型"较 4G 手机变大很多。这样看来，5G 手机设备不利于人们携带。

由于 5G 是物联网得以真正实现万物互联的基础力量，所以在未来，随着 5G 网络技术发展越来越趋于成熟，万物互联则成为现实。届时，多终端的局面出现。再加上 5G 智能手机价格昂贵、体型和重量较大，这两方面原因使得智能手机，将不再是占据中心地位的智能控制终端。因此，在当前 4G 时代全面霸占人们生活的智能手机，有可能会在未来退出历史舞台。

趣味阅读

4G 手机能使用 5G 网络吗？

目前，我们使用的 4G 手机并不能使用 5G 网络，因为 4G 与 5G 是两套不同的通信系统，需要不同的设备去承载，所以 4G 手机与 5G 网络难以匹配，只有 5G 手机才能承载 5G 网络。

这就好比是水稻和高粱两种农作物，不同的农作物，要求不同的土壤、湿度、温度去种植。种植水稻的农田是种不出高粱的。

智慧服务边界将被打破

自从服务行业诞生以来，服务的形态不断发生变化。但无论发生何种变化，都向着更加便利、更加智能化的方向发展，以为用户提供更好的服务为宗旨。但良好用户服务，需要产业链各方之间进行更加深入的合作才能实现。

智能手机和移动互联网的普及，使得一大批服务商如雨后春笋般出现。但这些服务商所提供的相关服务还存在一定弊端：服务雷同、服务叠加，这些导致用户不能获得极好的服务体验。虽然用户可以根据自己的需求来选择服务，但服务商提供服务的内容，依然只是基于单个应用范畴，或者只是几个应用之间简单的跨界与联合。

进入 5G 时代，生活智慧化将得到全面普及。在这样的大背景下，用户的需求将再次发生改变，服务商可以借助智能终端为用户提供相应的智慧服务。而这背后提供智慧服务的服务商，则已经不再是单一的服务商，而是整个产业链上各个节点之间共同合作形成的一个整体。

以 5G 智能手机业务服务为例。首先，要有传统的 IT 设备厂商，除了要有很强的智能设备研发、制造能力，借助先进的技术和原器件打造出适用于接入 5G 网络的智能手机；还要有主动转型的决心和能力。然后，还需要有运营商制定相关的 5G 服务业务。这样，在设备厂商和运营商的共同努力下，才能为用户带来更好的 5G 业务服务。

可以说，在 5G 时代，产业链上的各个节点之间的合作将更加紧密，甚至打破边界，成为了一个巨大的利益共同体，大家共同为用户提供更具智慧化的服务。

▶ 6G 在路上，未来不会遥远

　　人类对于科学技术的憧憬和探索是永无止境的。当大多数人还在缺一台 5G 手机的时候，当绝大多数企业还在探索 5G 时代商业模式的时候，6G 的研发部队已经在路上，吹响 6G 战场集结号。在全球对移动通信技术的积极研发和探索下，人们憧憬的一切美好将不再是天方夜谭，一切将离我们不会遥远。

概念萌发，全球掀起6G探索浪潮

　　人类对事物的探索往往具有极强的超前性。正当 5G 进入商用初级阶段之际，全球范围内有关 6G 的探索已经闯入各大媒体，在移动通信领域掀起又一层热浪。

　　根据美国第二大宽带服务供应商 Chaeter 公司宣称，他们在进行 5G 测试的同时，也在开展 6G 的相关测试。对于 6G 的概念，Chaeter 公司是这样描述的："6G 是一种将有线和无线技术融合的架构升级，是基于其自身强项 DOCSIS（有线电缆数据服务接口规范）的双向有线电视宽带网络与移动通信网络间的无缝融合。"

　　显然，Chaeter 公司所描述的 6G，与我们前面讲到的 5G 网络技术，有着明显的区别。Chaeter 公司所描述的 6G，并不是规划出一个创新性的无线技术或相关电子设备，而是仅从移动网络基础架构方面的布局做了进一步探索，属于架构层面上的探索。

美国只是 6G 探索大军中的一员，此外，中国、日本、韩国、芬兰等国家已经开始将目光投向 6G 的研发和探索当中。

目前，我国已经召集相关专家专门去研究 6G 技术，而且不断尝试将 6G 技术与生活、社会进行接轨，希望能够成功地将 6G 技术与现实生活相接轨。

当然，鉴于 6G 的概念过于超前，所以全球研究 6G 的机构对 6G 的概念还是各持己见，暂时无法统一。基于前几代移动通信技术，每十年进行一次迭代和更新，所以，据此推断，6G 很可能在 2030 年左右出现。相信随着 6G 的真正到来，一切都能让我们拨开云雾见明月。

探索 6G 商用的美好模样

业界普遍认为：未来 6G 网络，网络速度比 5G 还要快很多，几乎能达到每秒 1TB。这意味着，下载一部电影可在瞬间完成，无人驾驶、无人机的操控都将非常自如，用户难以察觉到任何时延。

在 6G 时代，或许我们在飞机上也能实现自由上网，同时也不会给飞机带来安全隐患；登山运动员在登山遇到危险时，可以实时发送位置信息与求救信号，不会出现时延情况，从而保证登山遇险人员能够在第一时间获得救助；在海上航行时，工作人员再也不用担心与陆地失联，6G 比 5G 更高的网络覆盖能力，使得网络遍布世界的每个角落，可以保证航海人员能够实现实时通信。

以上这些是 6G 网络的一些应用场景，但并不仅限于此。未来，基于 6G 网络的应用可以打造出一个集地面通信、卫星通信、海洋通信于一体的全连接通信世界。届时，无论沙漠、海洋，还是无人区，都能够避免通信盲区，都将实现网络全覆盖。

目前，全球对于 6G 技术的研究，只是一个初步探索阶段。对于技术路线、关键指标、应用场景等，还尚无定论、没有统一的定义。但可以确信的是，人们将需要并期待更为广阔、更加快速的全球覆盖网络为自己服务，以达到更大的连接、更加智能化，以及能满足未来更多应用需求的目的。显然，届时出现的 6G 网络，会成为这样的移动通信技术。然而，未来的 6G 究竟将会以何种姿态出现在我们面前？我们拭目以待。